STEM

閃亮點

未來
食物危機

著名科普作家
李偉才 著

擴闊 STEM 視野，
創造未來

過去百多二百年來，人類的知識出現爆炸性的增長，而由此帶來的科技進步，令人類的生活水平不斷提升。

但另一方面，從大瘟疫到氣候危機、從環境污染到能源短缺、從糧食生產到淡水資源問題、從生態崩潰到大滅絕、從基因改造到生物倫理、從貧富懸殊到老齡化、從恐怖主義到難民潮、從霸權主義到專制主義、從金融壟斷到經濟動盪、從大數據到網絡監控、從人工智能到殺手機械人、從貿易戰、金融戰、信息戰到核戰的威脅……今天的世界正面臨著種種巨大的挑戰。

但正如著名科學作家艾薩克‧阿西莫夫 (Isaac Asimov) 所說：「即使知識帶來了種種問題，無知卻不是解決問題的方法。」

不錯，要解決問題，單是知識並不足夠，我們需要的是智慧、愛心和勇氣（儒家稱為「智、仁、勇」三達德）。可能大家都聽過：

- 數據不等於信息;
- 信息不等於知識;
- 知識不等於智慧。

　　但從另一個角度看,智慧是作出正確的抉擇,而正確的抉擇必須建基於正確的判斷,正確的判斷必須建基於正確的認識,而正確的認識必須來自嚴謹的科學探求。也就是說,科學和科學的應用(即科技)是解決世界當前問題的必要條件。

　　另一方面,物理學家開耳文(Lord Kelvin)則說:「若你能夠對所討論的事物作出量度並以數字來表示,你對這事物可說有點認識;相反,你若不能對它作出量度,並無法以數字來表示,表示你的認識只是十分膚淺而無法教人滿意。」伽利略(Galileo Galilei)更直截地說:「大自然這本書乃由數學的語言寫成。」故此數學是解開自然奧秘的鑰匙。

正是基於以上的信念，筆者與閱亮點合作，推出了《STEM視野》系列。這個系列與其他STEM讀物的最大不同之處，是除了強調**基於嚴謹數據的堅實知識**外，也強調**縱深的歷史考察和宏觀的全球視野**。我們深信，只有掌握了適當的視野，年輕人才可培養出所需的智慧，讓STEM（加上愛心和勇氣）為人類的福祉作出最大的貢獻。

序：
吃飯了嗎？

「食咗飯未？」（此乃廣東話用語，書面語是「吃飯了嗎？」），是我們日常與朋友見面時最常用的開場白。在一個富裕社會，這個問題好像頗為無聊，但如果大家看過由邱禮濤導演的電影《葉問之終極一戰》，開場不久，由黃秋生飾演的葉問被問到這個問題及被邀示範一下詠春如何厲害之時，他的回答是：「未食飯，無力！」

本書的一個主旨是：有飯食並不是必然的，因此有氣有力也不是必然的。

今天，一些小朋友以為沒有錢的話，只要到銀行的自動櫃員機提款便可，而不知道我們必須先工作、後賺錢然後才可以提款。同樣地，今天很多人也覺得沒有食物的話只要往超級市場購買便可，而不知道即使今天的科技如何發達，食物的生產仍是要透過大自然的恩賜和農夫的辛勤勞動才可以獲得。

當然，農業的機械化、合成肥料的大量使用、大規模的水利灌溉、以及不斷的品種改良⋯⋯令糧食生產在過去100年以倍數增長。但不少專家指出，這種增長已經接近極限。除了人口的急

速增長外，極限的一大源頭是我們對大自然的過度破壞。隨著經濟不斷增長，無止境的需求與自然界的極限將導致糧食短缺的危機。

聯合國糧食及農業組織(Food and Agriculture Organisation，簡稱FAO) 在數年前的一份報告指出，全球每年生產的糧食之中，有近三分之一因為種種原因被浪費掉。與此同時，全球有接近10億人每天都吃不飽。我們絕不應該讓這種情況繼續下去。而最卑微的第一步便是珍惜食物和儘量減少浪費食物。

唐詩有云：「誰知盤中飧 (粵音「孫」)，粒粒皆辛苦」。《朱子治家格言》則謂「一粥一飯，當思來處不易；半絲半縷，恆念物力維艱。」如果這本書能幫助大家更深刻地體會這些至理名言，也令大家能更好地迎接「未來食物」的挑戰，那將是筆者的最大滿足。

李偉才

2022年1月31日

目錄

目錄

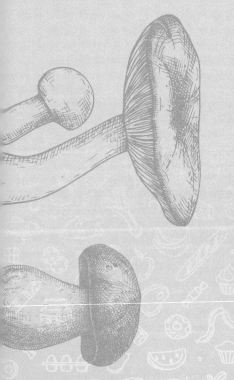

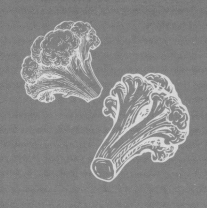

81

食物金字塔
隱藏的資訊

食物金字塔隱藏的資訊

　　埃及的金字塔世界聞名，但大家有聽過「食物金字塔」(food pyramid) 這個名稱嗎？這兒指的，不是用食物堆積而成的金字塔 (例如香港長洲一年一度於太平清醮節日所搭建的包山)，而是一個科學概念的形象表達。嚴格來說這兒有兩個而不是一個概念，第一個跟營養學有關，第二個跟生態學有關。現在讓我們先看看前者。

維生的營養 v.s. 食物的類別

營養學的「食物金字塔」想表達的是，在我們的日常飲食中，要攝取的最重要養分是碳水化合物 (carbohydrate)、蛋白質 (protein)、脂肪質 (fat)、礦物質 (minerals) 和各種的維生素 (vitamins，又音譯作維他命)；但這只是就性質而言。在分量方面，我們所需的碳水化合物佔最多，因為它是我們能量的泉源。次之是我們建造身體時所需的蛋白質，然後則是脂肪質，其後才是礦物質 (例如我們建造骨骼所需的鈣和磷) 和維生素。所以從分量來看，碳水化合物就像處於一個金字塔寬闊的底部，然後上面是蛋白質，之上是脂肪質，再往上才是礦物質和維生素。

要留意的是，雖然分量上佔最少的礦物質和維生素屬食物中的微量成分 (故又叫微養分，micro-nutrients)，但一旦缺乏這些營養，往往會對我們的身體造成嚴重的影響。一個著名的例子是主要存在於蔬果中的維生素C。歐洲人在「大航海時代」便曾經因為水手的膳食裡缺少蔬果，結果大量水手因為缺乏這種維生素而患上壞血病 (scurvy)。在得悉其間的因果關係之後，人們在膳食中加入檸檬汁，問題便迎刃而解。

以上是從食物中的基本成分來看，但就食物的類別而言，我們更常見的是類似以下由香港衛生署所建議的「健康飲食金字塔」：

油、鹽、糖類

奶類及代替品

肉、魚、蛋及代替品

蔬菜類

水果類

穀物類

簡言之，我們日常飲食中，進食最多的應該是為我們提供能量的穀物類，包括由稻米所煮成的米飯和小麥做成的麵條、麵包等。接著下來，我們應該多吃蔬菜和水果，因為它們不但可以為我們提供各種礦物質和維生素，也提供了纖維質（dietary fibre）以幫助我們暢通腸胃。肉類和奶類製品為我們提供蛋白質固然十分重要，但分量上應該比穀物類和蔬果少。至於金字塔最頂部的

「油、鹽、糖」類在食物的烹調上雖然起到「畫龍點睛」之效，但不宜進食過多。

人類社會進步　膳食隨之改善

在農業社會，由於人們的勞動量大，需要大量碳水化合物來補充氣力；而肉類一般都非常珍貴，是以每逢過年過節才會「劏雞殺鴨」或「烹牛宰羊」；加上高糖分的食物（如蛋糕、雪糕、朱古力等）沒有今天般普及，所以人們的飲食大致上符合以上的「健康飲食金字塔」。

在工業革命之後，人類的生產力大幅上升，居住在城市的人很多都無須從事體力勞動的工作；即使有，勞動量也大為減少。在另一方面，肉類的供應則大增且價格下降，而出外用膳和購買預製食物（processed food）的機會也大增。結果是人們的飲食出現了「三高危機」，即高糖、高脂、高鈉（即高鹽），嚴重影響我們的健康，特別是誘發過度肥胖和另類的「三高危機」：高血壓、高血脂、高血糖，以致糖尿病和心血管病已經成為了現代人兩大「殺手疾病」。

某一程度上，以上問題也是一種「適應誤差」的結果。在以往，含有高糖分的食物（如很甜的水果）和高脂肪的肉類皆屬珍

品，所以我們的身體自然地發展出一種渴求的衝動，一旦遇上這些食物便會儘量攝取。在現代社會，這些食物已經比比皆是，但我們的原始欲求並沒有適應過來，於是便出現了過分攝取的情況。

M 聚焦數學
只有甜食才是「高糖食物」嗎？

為了準確描述進食不同食物後人體血液中的葡萄糖變化，科學家提出了升糖指數 (Glycemic index，簡稱GI) 的概念。這是根據食物消化後轉化為葡萄糖的速度，將食物分為0到100個等級，當血糖上升的速度越快，GI的等級就越高。

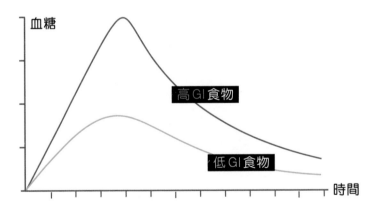

把50克葡萄糖的GI指數定為100，再把含50克碳水化合物的食物跟它作對比，就能得出各種食物的升糖指數。

　　查看不同食物的升糖指數後，不難發現甜甜的水果升糖指數並不高，麵包、馬鈴薯等看來不甜的食物反而屬高GI食物。過多進食這些食物，會對我們的身體造成不良影響。

自然界中的「食物金字塔」

　　好了，現在讓我們看看生態學上的「食物金字塔」是甚麼回事。

　　根據科學家的分類，生物可按照攝食模式分為兩大類，那便是「自養生物」(autotroph) 和「異養生物」(heterotroph)。前者可以從環境的無機物質 (inorganic matter) 製造食物以維生，後者則必須攝取已製成的有機養分才能夠生存。前者包括了所有能

夠透過葉綠素 (chlorophyll) 來進行光合作用 (photosynthesis)，從而透過陽光、空氣、水分和泥土中的養分自我製造食物的植物；後者可分為異食、寄生 (如寄生蟲和一些細菌)、腐生 (主要為真菌和一些細菌) 等幾類生物。

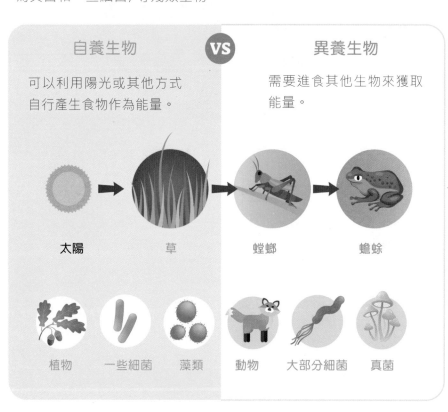

自養生物	**VS**	異養生物
可以利用陽光或其他方式自行產生食物作為能量。		需要進食其他生物來獲取能量。

太陽　　　草　　　　　　螳螂　　　　蟾蜍

植物　一些細菌　藻類　　　動物　大部分細菌　真菌

異食性生物又分為素食者 (herbivore)，如牛和羊；肉食者 (carnivore)，如虎和狼；以及雜食者 (omnivore)，如熊和豬。

從食物的製造和能量的儲存兩個角度看，植物被稱為生物界的「生產者」（producers），而肉食者和雜食者則被稱為「消費者」（consumers）。

所謂「大魚吃小魚」，這裡的「大、小」是相對的，最小的魚會被稍大一點的魚吃、這些魚則會被再大一點的魚吃、而這些較大的魚也會被再大的魚吃……也就是說，「消費者」實可分為多個層次，我們稱為「一級消費者」、「二級消費者」，如此類推。自從人類崛起之後，雖然個別的人會不幸被猛獸所吃，但主流是人類大吃特吃其他生物（包括飼養的牲畜和捕獵所得的野味），所以在分類中，人類被稱為「頂級消費者」，又稱「頂級掠食者」（apex predator）。

細魚被大魚吃、大魚被海獅吃、海獅被殺人鯨吃……這種關係我們稱為「食物鏈」（food chain）。但從整個生態系統的角度看，更有意思的是反映了能量一步一步被虛耗也被集中的「食物金字塔」。

「健康飲食金字塔」的分層之間沒有特定的因果關係，但「生態食物金字塔」的分層則顯示重要的因果關係：由於能量轉化時必定出現損耗，即轉化效率必然低於100%，故底層的生產者

（植物）只能支撐數量上少得多的「一級消費者」（素食生物）。同理，「一級消費者」只能支撐數量上少得多的「二級消費者」（肉食生物）。

不用說，人類作為「頂級消費者」所造成的能量損耗最為龐大。一個簡單的推論是，如果人類只能夠吃老虎維生，地球上只能支撐較今天少得多的人口。相反，如果他們能夠吃草維生，地球將可以支撐較今天多很多倍的人口。我們往後探討未來的糧食生產時，這將是一個重大的考慮。

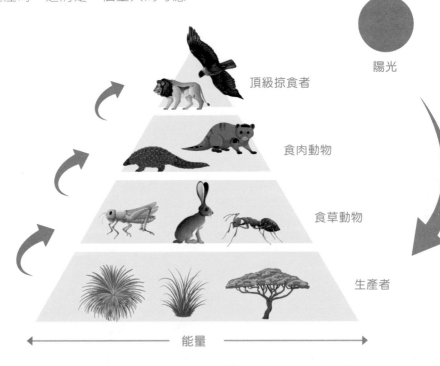

陽光

頂級掠食者

食肉動物

食草動物

生產者

能量

健康飲食金字塔　均衡營養好體格

將兩個「金字塔」加起來讓我們認識到，人類對肉類和海鮮的需求不斷上升，一方面大大增加了生態環境的負荷，另一方面也影響了自己的健康。研究顯示進食過量肉類 —— 特別是牛肉、羊肉等「紅肉」—— 會增加患上心血管病的風險，甚至會誘發各種癌症。至於海產類食物，由於它們大都包含著高水平的嘌呤 (purine) 這種有機化合物，而它會影響人體的尿酸代謝過程，所以進食過量海產食物，會誘發和加劇一種叫「代謝性關節炎」(metabolic arthritis，俗稱「痛風」，英文 gout) 的疾病。

我們今天經常呼籲大家要「飲食均衡」和「少肉多菜」。正如大瘟疫時的「勤洗手」習慣一樣，這些「老生常談」其實包含著重大的智慧呢。

聚焦科學
食物的酸鹼是以味道來判斷的嗎？

常有人說多吃鹼性食物對身體有益，那麼食物真的有分酸鹼嗎？是不是指吃起來的味道是酸是鹼？非也，這是和食物中的礦物質的種類及含量有關。磷、氯、硫等礦物質會使食物呈鹼性，而鉀、鈉、鈣、鎂、鐵這幾種礦物質則會使食物呈酸性。我們可以把

食物以高溫加熱來模擬食物在人體中被代謝的過程，並從殘留物中測定其酸鹼值。常見的鹼性食物有牛奶、檸檬、綠色蔬菜；酸性食物有雞蛋、肉類、魚類等。不過，無論我們吃了甚麼酸鹼值食物，只要腎臟和呼吸系統功能正常，身體也會自行調節，使血液維持在正常的酸鹼水平。

電影中的謬誤

有了以上的認識，我們即可看出不少科幻電影的設定是如何有違科學。荷里活在1974年推出了一部叫 *Soylent Green* 的科幻電影，其中 soy 指 soybean（大豆，又稱黃豆），而 green 乃指未來世界中作為主要食物的一種綠色餅乾。故事以一個幹探調查一樁謀殺案展開，但逐步深入的調查讓他發現一個驚天大秘密：在生態環境大幅崩壞和糧食不足的情況下，人們每天都吃的綠色餅乾，原來全是由死去的人的身體做成的！（香港上映時為這部電影改名為《人吃人》，是不可原諒的愚蠢「劇透」。）

這部電影既舊又冷門，看過的人相信不多。但《22世紀殺人網絡》（*Matrix*）相信大家看過吧？雖然它首集上映已是上世紀的事（1999年），但受歡迎的程度歷久不衰。就在筆者執筆期間，它的第四集 *Matrix: Resurrection*（港譯《殺人網絡之復活次元》）

正在香港上映。雖然它的主題不涉及「人吃人」，但片中說未來的人類被超級電腦宰制並培育作為「人肉電池」之用，則跟上述的《人吃人》犯了同一個十分低級的錯誤。

甚麼錯誤？那便是生態「食物金字塔」背後的「能量利用效率迅速逐層遞減」的科學原理（嚴格來說是熱力學原理）。簡單的道理是，把「頂級消費者」的人類用作「糧食」或「能源」是荒謬絕倫的一回事。要最有效率獲取糧食或能量，金字塔的底部是必然之選。我們在本書的後半部將會看出，這也應該是「未來食物」的主要來源。

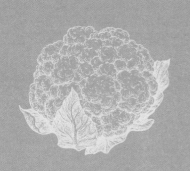

02
我們的祖先吃甚麼？

02

我們的祖先吃甚麼？

大家可能都聽過，對於十分喜愛吃肉的朋友，我們會戲稱他們為「食肉獸」。那麼讓我考考大家：你猜人類的遠古祖先是溫文的素食者，還是嗜肉的「食肉獸」呢？

人類飲食習慣的演化史

讓我們從頭說起吧。在生物分類中，人類屬哺乳綱 (Class: Mammalia)、靈長目 (Order: Primate)、人科 (Family: Hominidae)、人屬 (Genus: *Homo*) 和智人種 (Species: *Sapiens*)。

哺乳動物有素食者、肉食者，以及雜食者。哺乳動物之下的靈長目 (primate) 包括了狐猴 (lemur)、猴、猿、人和牠們的直系祖先，其中只包含著素食和雜食者，並不存在只吃肉的「肉食靈長目」(carnivorous primate)。

　　猿類在演化上與人類最接近。在現存的大猿 (great apes) 當中，長毛猩猩 (orang-utan，又稱棕猩猩、褐猩猩或紅毛猩猩) 的祖先約於1,500萬年前已跟古猿的世系分離而獨自演化。大猩猩 (gorilla) 的祖先則分離於1,000萬年前左右。至於黑猩猩 (chimpanzee) 和倭猩猩 (bonobo apes) 則於600萬年前與人類的遠祖分家。數百萬年來，人類遠祖經歷了「南方古猿」、「匠人」、「能人」、「直立人」等多個階段，最後演化出今天的「現代型智人」。

| 南方古猿 | → | 能人 | → | 直立人 | → | 尼人 | → | 智人 |
| (Australopithecus) | | (Homo habilis) | | (Homo erectus) | | (Homo neanderthalensis) | | (Homo sapiens) |

注：留意上述箭嘴只是代表時間的推移，並不代表演化上的世系。

好了，現在先讓我們看看人類「近親」的飲食習慣。長毛猩猩和大猩猩都是素食者，而黑猩猩和倭猩猩都是雜食者。以往，我們以為後者吃的葷（即非素類）只限於昆蟲和一些好像蜥蜴等小動物，但過去數十年的深入觀察顯示，某些黑猩猩有捕獵和進食猴子的習慣。不少人（包括筆者）首次得悉這個事實時感到十分震驚和噁心，但反觀人類經常宰殺和進食其他動物，這種反應顯然是一種虛偽的雙重標準。

接著讓我們看看人類遠祖的飲食習慣。古人類學家的研究顯示，各種南方古猿中既有素食亦有雜食，但在往後的匠人、能人、直立人等階段，雜食已經成為主流，而且肉食的比例亦不斷增加。一些科學家推斷，最早的肉食來源，可能是來自猛獸進食獵物後剩餘的「冷飯殘羹」，即人類曾經像今天非洲的斑點鬣狗 (hyena) 一樣，是動物界的「食腐者」(scavenger)。

人類的食腐習慣有多強和持續了多久已是難以稽考。我們較能肯定的是，到了直立人階段（如著名的「北京猿人」），捕獵已經成為一種重要的覓食手段。透過長矛、石刀、石斧等武器，同時運用高度的協作行為，直立人已經能夠捕殺一些體型遠比他們龐大的動物。

聚焦工程
最原始的覓食技術

為了方便覓食，遠古人類開始
使用石製的工具，包括天然石器和
打製石器。他們會透過撞擊石頭，
製作成鈍形、刀形、尖狀的石器，
用以砸碎植物硬殼或挖出植物的根
部作為糧食，後來更漸漸發展成狩
獵、捕魚等覓食活動。

圖中是刀形的石器。

星星之火掀熟食革命

直立人也帶來了人類飲食上一個極其重要的轉變，那便是由
生食轉為熟食，亦即告別「茹毛飲血」的時代。（日本人嗜好的「刺
身」是「生食文化」的延續，卻不屬主流。）

生活於約50萬年前的北京直立人已經懂得用火，而在照明
和取暖之餘，也會用它將肉烤熟才進食。由於肉類在變熟後更易
被咀嚼，而釋出的養分也更易被人體所吸收，這個「熟食革命」
成為了人類演化的催化劑。我們的祖先不但獲得充足的營養以助

腦部發展，而且大大減少了的咀嚼和消化時間，令他們可以騰出更多時間進行其他活動，例如製造大量工具、說故事、唱歌跳舞等。

雖然按照科學家對DNA的深入分析，直立人並非「智人」的直系祖先，但以上的「革命成果」很快被智人的祖先，以及曾經在歐、亞一帶出現過的近親「尼人」所繼承。現代型智人於約7萬年前離開非洲並迅速遍布全球之時，已經是出色的獵人且講求品味和嗜肉的熟食者了。

有一點必須澄清的是，把人類的祖先歌頌為「偉大的獵者」(great hunter) 往往使人得出一個錯誤的印象，以為狩獵是他們主要的食物來源。事實上，對眾多仍然以狩獵為生的原始部落進行研究之後，人類學家發現恆常採摘植物的可食部分——包括果實、種子、莖部、根部等——仍然是這些部落的食物主要來源。而這些採摘工序，大多是由女性和兒童負責。以提供的熱量計算，這些食物往往比肉食所提供的大3、4倍之多。正因如此，過往被稱為「狩獵型社會」(hunting society) 的生活模式，今天大都改稱為「採集—狩獵型社會」(gathering-hunting society)。

舉足輕重的肉食

不過,肉類所提供的蛋白質和各種高質素的養分卻也是植物所無法企及的。再加上協作狩獵能夠增強族人的團結,所以肉食在祭祀和族群活動中皆扮演著重要的角色。中國有所謂「太公分豬肉」的傳統,而且在男權至上的社會中只分給男丁而不給女性,正反映了肉食在社會中的重要地位。

現在問題清楚了,人類不是天生的素食者,但也不是天生的「食肉獸」。他們是雜食者,對肉類有特殊的偏好,甚至可說是一種「嗜肉的猿」(meat-loving ape)。在探討糧食生產和保護生態環境這些議題時,我們必須緊記人類的這種本性,才能對症下藥。

03

農業革命——
文明躍進的第一步？

03

農業革命──
文明躍進的第一步？

約13,000年前，地球最後一個冰河紀開始退卻。人們隨著季節更替，開始懂得將一些食用植物 (edible plants) 的種子在冬天保留起來，並在春回大地時撒到泥土中讓植物再次茁長。在這個過程中，他們更學會挑選能夠生出最多可食部分的那些植物來配種和培育。就是這樣，深刻地改變了人類歷史面貌的「農業革命」(Agricultural Revolution) 開始了。

追蹤農業革命的起源

曾經有一段時間，科學家以為位於「兩河流域」的美索不達米亞平原 (Mesopotamia，即今天的伊拉克和敘利亞一帶) 是世界農業的唯一發源地，而其他地方的農業都是由此傳播開去的。過去數十年來的研究顯示，除了兩河流域外，獨立地發展出農耕的地區至少還有中國的華北平原、非洲的埃塞俄比亞高地、西非

和撒哈拉沙漠以南；而在「新大陸」方面，則包括了中美洲的瑪
雅文明和南美洲的印加文明；最新的研究顯示，新畿內亞的農業
也是本土發展的。至於其他地區（包括古埃及、古印度和北美一
些印弟安部族）的農業，則確是由美索不達米亞平原散播開去的。

「兩河」指幼發拉底河（Euphrates）和底格里斯河（Tigris）。它們從前原是兩條
分開的河流，直到約3、4千年前，兩河流域帶來的泥沙不斷在河口沉積，甚至
堆積出土地，才使兩河下游在伊拉克南部匯合起來。圖中為底格里斯河，是西
南亞水量最大的河流。

就漁業、農業和畜牧這三種食物生產的途徑而言，最先出現
的是漁業，因為它基本上只是水中（溪澗、江河湖泊和沿岸海域）
的狩獵行為。作為「植物馴化」（domestication of plants）成果
的農業，以及「動物馴化」（domestication of animals）成果的畜
牧業，彼此出現的時間相信頗為接近，都是距今1萬年多，當時
有狼被馴化成犬隻、野牛被馴化為家牛。但一些動物的馴化則較
晚，例如馬的馴化只有6、7千年的歷史。

農業不光關乎飲食　還影響民生

　　不是所有地方都適合耕種。在一些雨量偏低的溫、寒帶地區，畜牧成為當地人民維生的主要手段，他們一般會飼養牛和羊（住在較北的人則主要飼養馴鹿）。而人類的生活模式遂因此演變為務農的「定居民族」（sedentary people）和畜牧的「游牧民族」（nomadic people）兩大類型。

　　最大的轉變發生在以務農為生的「定居民族」身上。可以這麼說，農業革命直接導致了文明的誕生，它的影響包括：

- 糧食的盈餘導致人口大幅增加和城鎮的出現；
- 大量有關人類共同相處所需的道德倫理規範逐漸形成，

在大洋洲、美洲、亞洲和非洲仍然有以狩獵和採集為生的游牧民族，圖中的吉爾吉斯便是現存的游牧民族之一。

進而促使律法和各種典章制度的出現；

- 為了記載物資的庫存和交易、土地的劃分、稅收等情況，人類發明了文字和數學，包括算術和幾何測量；

其他如教育制度、藝術創作、科學和哲學的探求等亦因此陸續出現。

農業革命的詛咒

歷史是耐人尋味的，農業革命固然帶來了文明的恩賜，卻也為人類帶來了不少詛咒。現在讓我們看看這些詛咒是甚麼。

- **對大自然環境的大規模破壞：**

  除了人類所挑選的馴化品種外，大量生物物種的生存空間備受擠壓，不少甚至步向滅絕；

- **大規模戰爭的出現：**

  有盈餘便有累積，有累積便有財富，有財富便有劫掠。而因為人口上升，耕地的需求也上升，土地的爭奪較「採集—狩獵」階段時的「領域衝突」激烈得多。人們開始使用金屬武器，亦使暴力衝突變得更為血腥和致命；

- **人對人的大規模壓迫：**

  部落間的衝突往往產生大量戰俘，這些戰俘遂淪為勝利者任意壓迫和差遣的奴隸，醜惡的奴隸制度由是出現；

- **男權宰制：**

  同樣醜惡的一項發展是男性對女性的壓迫。在「採集—狩獵型社會」，兩性的社會地位相差不大。但隨著農業革命所導致的定居、土地佔有和劃分、勞動生產力的追求、財富（私有產權）的累積和爭奪等等，女性逐漸淪為生育機器和男性的附屬品。

- **饑荒的出現：**

  這實在是一個很吊詭的悖論。農業革命的一大貢獻是糧食的盈餘，但糧食多了人們的生育也隨之多了。而且由於男丁的多寡決定著糧食產量的高低（這當然亦是「重男輕女」觀念的由來），於是各族都追求「人丁旺盛」，結果愈生愈多，人口和糧食出現競賽的局面。還有較鮮為人知的一點是，女性以乳汁餵哺子女期間會處於天然避孕狀態，在採集—狩獵年代，每個嬰兒出生後，這段時期可達4、5年之久，故此當時女性的一生有6、7個孩子已算不少。但在農業社會，由於穀物如米、麥等可磨成粉末並煮成稀漿來給小兒作食物，是以母親可提前多年即為小孩「斷奶」（weaning），從而能夠再次受孕生育。不用說，這令族群的出生率大大提升，而一個女性生有10多個子女再也不是稀奇的事情。好了，將上述

發展加上因天災和蟲害偶然所導致的農作物失收，便齊集了大饑荒爆發的所有條件。在以往，一處的果實或獵物不足的話，部族可以隨時移居它處。但在農業社會，這種做法顯然困難得多，要是真的出現的話，便是一片「餓殍遍野、流離失所」的悲慘景象。

- **瘟疫的出現：**

    一大群人和牲畜長時間聚居一處，由彼此接觸的親密程度、排洩物的堆積等角度考察，無疑提供了瘟疫爆發的溫床。眾多研究顯示，除了衛生環境欠佳導致細菌滋生外，大部分瘟疫都是因為動物身上的病毒找到了新的宿主——「人類」所引致。

一個較次要的影響是，按照人類學家對古人牙齒化石的研究，人類蛀牙的情況在農業革命之後迅速惡化。為甚麼？原來這是因為人類大量進食煮熟的穀物之後，很容易在牙縫間留下殘餘的碳水化合物，而在口水作用下，這些碳水化合物轉化成糖分並侵害我們的牙齒。牙痛從此成為了農業社會的詛咒。

S 聚焦科學

為甚麼會出現牙痛？

人類口腔內至少有700種細菌，牙齒和唾液全是細菌的溫床。舔舔牙齒，不難發現上面附著一層帶有黏性的牙菌膜。當我們進食後，牙菌膜中的細菌便會分解食物殘渣裡的碳水化合物，並產生一些酸性物質。這些物質會慢慢分解牙齒表面，最終引致蛀牙。若我們反覆吃大量碳水化合物，更會形成酸性的口腔環境，侵蝕牙齒。

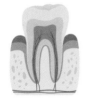  

健康的牙齒 ➜ 侵蝕琺瑯質 ➜ 侵蝕象牙質 ➜ 侵蝕牙髓 ➜ 壞死的牙齒

鑑於上述的分析，一些學者提出了「農業陷阱」(Agricultural Trap) 這個概念。之所以說「陷阱」，是我們一旦掉了進去，便無法再逃出來 (至少是極困難)。歷史讓我們看到，過去數百年的「工業革命」也創造了一個「工業陷阱」；而過去百多年的「科技革命」也創造了一個「科技陷阱」，以致一些學者提出了「科技反噬」甚至「文明反噬」的悲觀理論。

84

足以壓碎文明的大饑荒

84

足以壓碎文明的大饑荒

伴隨著農業社會出現的，往往是令人意想不到的饑荒（famine）。它們一般是因為天氣反常，特別是旱災和洪水；蟲害，如蝗蟲為患；及至戰亂所導致的。

你嘗過挨餓的滋味嗎？

今天，住在富裕國家的人極少會經歷持續饑餓的感覺。在上世紀80、90十年代，筆者曾多次出席慈善團體「香港世界宣明會」主辦的「饑饉三十」募捐活動，每次皆是星期六正午進入饑饉營，之後一直禁吃任何固體食物，直至星期日傍晚六時許才解禁。但我很清楚，我當時經歷的所謂饑餓，與饑荒時人們的經歷相差不止十萬八千里。

饑餓是一種極其難受的感覺，理論上一個健康的人可以沒有食物達7、8天才死亡（但必須有飲用水！），其間身體會不斷「燃燒」（從化學的角度看，消化的確是一種燃燒過程）自己的每一部

分，以至到最後只剩下「皮包骨」的恐怖狀況。但那是多麼痛苦的7、8天啊！筆者有幸未有經歷過極端的饑餓，假如大家仿效「饑饉三十」甚至「饑饉四十」的禁食（謹記要有人在旁照顧），然後將那種饑餓感覺在想像中放大數十倍，也許可以領略饑餓至死的那種痛苦。

在人類的歷史中，這種痛苦不需想像，因為過去確有無數人因缺乏食物而餓死。

曾經有人說過：「文明與野蠻之間，只相差了七頓飯。」的確，饑餓難當之時，一切倫理道德和文明的準則都可以被拋諸腦後。因此在歷來的大饑荒中，皆會出現「人相食」以及「易子而食」的悲慘景象。

主宰人類命運的大饑荒

古氣候學家的研究顯示，早於4,000多年前，一次名叫「公元前22世紀大乾旱」的事件令北非和西亞的農業陷於崩潰。由此引發的大饑荒，令埃及的「古王國」（Old Kingdom）和美索不達米亞的阿卡德帝國（Akkadian Empire）相繼沒落。

在古羅馬的歷史中，最早的饑荒紀錄可以追溯至公元前

441年。直至公元5世紀，除了因為蠻族入侵外，西羅馬帝國（Western Roman Empire）的沒落與大饑荒和大瘟疫息息相關。

中世紀的歐洲在1347年爆發了「黑死病」大瘟疫，幾年間奪去了三分之一人口的性命（某些估計則達一半）。研究顯示，除了病死外，很多人也因為饑荒而餓死。

歐洲歷來出現的饑荒當然比上述記載的頻密得多。但隨著農業技術日趨發達、貿易和經濟不斷發展，以及殖民掠奪所獲得的巨額財富，17世紀後饑荒的次數和嚴重程度開始大幅下降，在西歐地區更尤其顯著。

🤿 T 聚焦科技

追蹤黑死病的DNA

2021年，科學家利用DNA技術，在一名男子的牙齒和骨頭樣本中發現了鼠疫桿菌(Yersinia Pestis)的菌株。這具名為RV 2039的骸骨是在拉脫維亞出土，距今約有5,000年歷史。經鑑定後，科學家推斷他死亡時的年齡大概20到30歲，是一位採集一狩獵者。而他身上的細菌，正是導致中世紀大災難一黑死病(Black Death)的元兇。

這個鼠疫桿菌菌株是迄今為止發現過最古老的菌株，雖然它已幾乎擁有鼠疫桿菌的完整基因組，只缺少了幾個基因，但按基因分析顯示，這細微的差異使它無法將跳蚤作為載體來傳播給人類，因此推測RV 2039得到的疾病比黑死病溫和得多，並不如當時那般致命。

相片來源：Dominik Göldner, BGAEU, Berlin

馬鈴薯的黑歷史

一個特殊的例外是發生於19世紀中葉的「愛爾蘭大饑荒」(Great Irish Famine)——這是一個包含著深刻教訓的災難。話說自哥倫布抵達美洲之後（由於美洲早已有人居住，說「發現美洲」當然有違事實），大量前所未見的物種從「新世界」，即指南、

北美洲帶返「舊世界」，指歐洲、亞洲和非洲。其中包括馬鈴薯、番薯、粟米、番茄、辣椒、煙草等。這些農作物的引入對歐洲人的農業和飲食帶來了很大的影響。順帶一提，這代表著凱撒大帝不可能吃過馬鈴薯，而耶穌也不可能吃過粟米呢！

其中最重要的一種食物，是已經成為今天歐洲人「主糧」(staple food) 之一的馬鈴薯。在19世紀之前，居住在愛爾蘭 (Ireland) 的人仍以種植穀物 (包括小麥、燕麥、大麥) 和放牧牛、羊維生。但自19世紀初開始，馬鈴薯被大量種植並迅速取代其他農作物而成為主糧。可是好景不常，1845年出現的「馬鈴薯枯萎病」(一種由真菌引起的傳染病) 令馬鈴薯嚴重失收，結果導致大規模的饑荒，貴族和地主的無情壓迫則令災情雪上加霜。按照估計，自1841至1855年間，因此而死亡的人數超過100萬，而前後逃亡至歐洲和北美洲的更超過200萬，以致愛爾蘭的人口銳減三分一至一半之多。

這次饑荒帶來的一個慘痛教訓是，過分依賴單一種農作物 (monoculture) 是非常危險的。

饑餓中誕生的應變智慧

中國是農業大國，但因為人口眾多，也與饑荒結下了「不解

緣」。按照歷史記載，從公元前108年直至公元1911年的辛亥革命，中國境內發生的饑荒達1,828次。例如元朝期間的一次饑荒（1333至1337年），便造成近600萬人死亡。史學家指出，明末一場大饑荒（1630至1631年）更間接導致滿州人成功入主中原。而19世紀上半葉的數十年間，分別4次的大饑荒導致數千萬人死亡，清朝的國力亦因而受到嚴重打擊。

為了對抗饑荒，中國歷代的政府都採取一些穩定糧食供應和價格的政策。早於公元8世紀的唐代，宰相劉晏便推行「常平法」，按「豐則貴取，饑則賤與」的原則，在農作物豐收時，由政府大批買入穀物並儲於國家的糧倉；若天災肆虐導致農作物失收，政府便會派發糧倉中的穀物，或將這些穀物投放到市場之中以平抑價格，使糧價穩定下來。往後歷朝都有類似的政策，西方人最初得悉這種做法時，都對背後的智慧讚譽有嘉。

當然，如果饑荒乃由戰亂引起，這種做法將無法發揮作用。

中國近代一場最大的饑荒發生於1958至1962年，也同樣包含著十分深刻的教訓。當時中國正推行「大躍進」運動，希望在短時間內將經濟水平大幅提升，其中包括農業的產量。1958年初，由於當局認定以穀物為食的麻雀是害蟲，所以發動群眾把牠

們殲滅。不出一年，全國殲滅的麻雀達19億6千萬隻。但人們沒有想到的是，隨著麻雀消失，農田裡的各種害蟲沒有了最重要的獵食者，結果各種害蟲的數目急速上升，引致農作物嚴重受損。這場弄巧反拙的生態災難為接著下來的大饑荒展開了序幕。

後來，「滅雀運動」慘痛的教訓非但沒有被汲取，為了迎合上級領導的要求，全國各地反而爭相虛報「畝產萬斤」的「偉大勝利」，並且鼓吹「人有多大膽，地有多大產」這種有違自然規律的荒謬意識。總的結果是穀物產量大幅下跌，導致前所未有的大饑荒。及後的研究顯示，1958至1962年間，在大饑荒中餓死的人高達4,500萬，其間更出現了「人相食」的悲慘情景。

英國學者培根（Francis Bacon）曾經說過：「要征服自然，必先順從自然。」這場災難深刻的告訴我們，假如我們漠視自然界的規律，最後必會自食惡果。

麻雀在秋冬時期雖然會吃農作物，但牠們在繁殖期會捕捉昆蟲來餵養幼鳥，能夠消滅大量的害蟲，而且除了穀物外，麻雀也會幫忙吃掉雜草。

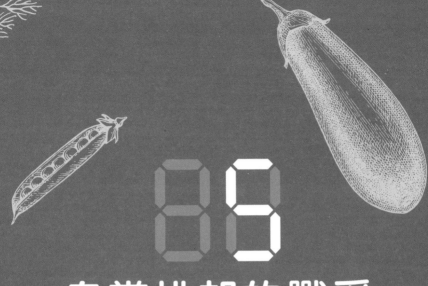

88

鳥糞挑起的戰爭

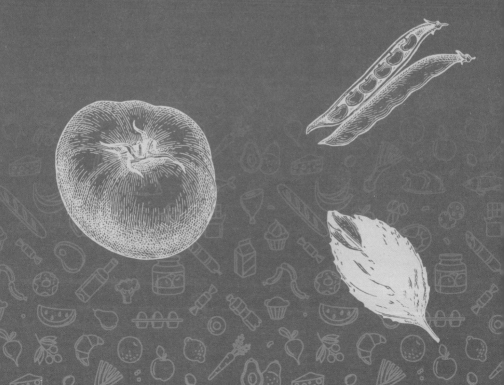

09

鳥糞挑起的戰爭

自農業革命以來，人類的農耕技術不斷進步，掌握的技術包括：

- **犁的使用：**

  用牛拉動由鐵鑄的犁以翻鬆泥土，最早出現於中國的漢代；18世紀在歐洲出現的農耕革命，農夫也一改以往會令馬窒息的套輓方法，以發明自中國的馬軛 (horse collar，又稱馬頸圈) 套於馬上並驅動牠們牽犁，農業的開墾因而得以大幅拓展；

- **水利灌溉技術 (irrigation)：**

  通過管道網絡把水輸送到農田中需要灌溉的地方，也包括了堤壩、蓄水池等防洪的工程。其中最令人驚訝的，是源於古波斯的坎兒井灌溉系統，將遠方雪山的水源透過一條人工開鑿的地底河道，引領至人們聚居的半沙漠地帶，再透過一條垂直的井道，將水汲上地面作灌溉之用；

- **育種技術 (breeding，又稱配種)：**

  改良作物的遺傳特性，包括簡單的「人工選擇」(artificial selection) 和各種雜交技術 (hybridization)，目的是大幅提升農作物的產量，也可獲得新品種 (strain) 以適應新的環境；中國科學家袁隆平於上世紀60、70年代成功培育的「雜交水稻」便是著名的例子；

- **輪番耕作 (crop rotation，簡稱輪作)：**

  在同一塊土地上輪流種植不同的作物，這是因為不同作物對養分的需求有所不同，輪番種植可讓泥土有時間恢

復它的肥沃程度（簡稱肥力，fertility）；偶爾種植豆科植物更可將大氣中的氮固定到土壤裡，從而提高土地的肥力；

- **休耕（fallowing）和綠肥（green manure）的施放：**
  休耕即故意讓一塊農地休息而不種植任何作物，以讓它有時間恢復肥力，時間可由一、兩個種植季節至一年不等；其間亦會將大量新鮮的綠色植物覆蓋於上並任其腐爛，讓這些「綠肥」為土壤提供養分；

- **魚農共生（aquaponics，又稱複合性耕養）：**
  透過魚塘和農田之間的互動來促進產量——魚類（及其他水產動物）的排泄物為農作物提供養分，而農作物則把水淨化供給這些生物所用；

- **嫁接技術（grafting）：**
  植物的人工繁殖方法之一，分為「枝接」和「芽接」，即把一株植物的枝或芽，嫁接到另一株植物的莖或根上，然後在包紮的情況下，兩個部分長成一顆完整的植物。

以上當然沒有涵蓋所有技術，而只是想突出一個事實，就是農業產量不斷增加，乃是世世代代農民的聰明才智和辛勤勞力的結

果。在中國華南和東南亞一些雨水充沛的地方，農民於千多年前已

經能夠在種植稻米時一年收成3次，達到了農業工業化之前的最高

農耕產量。

S 聚焦科學

圖解魚農共生的科學原理

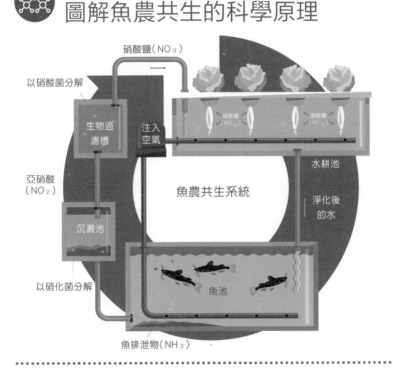

硝酸鹽（NO₃）

以硝酸菌分解

生物過濾槽

注入空氣

亞硝酸（NO₂）

沉澱池

以硝化菌分解

硝酸鹽（NO₃）

水耕池

魚農共生系統

淨化後的水

魚排泄物（NH₃）

魚池

廢物也有用武之地

數千年來，除農耕外，畜牧業和漁業的技術當然也不斷進步，

但因篇幅關係，我們無法在此詳述。現在讓我們集中於肥料這個問

題之上。

肥料 (fertiliser) 是人類為了培植農作物而加到泥土中的有機養分。在人造肥料出現之前，它們主要來自

- **堆肥 (compost)：**植物廢料，如樹葉、農作物的非食用部分；動物廢料，如屠宰後的非食用動物殘骸；以及廚餘等，在濕暖的環境下經細菌分解而形成的肥料；
- **人類的糞便 (human manure)；**
- **牲畜的糞便 (animal manure)。**

一個重要的認識是，現代工業社會將糞便 (sewage) 視為必須花費巨大資源來處理的問題，但對於數千年來的農業社會，糞便是一種非常珍貴的資源。遲些我們會看到，在保證人類未來的糧食供應時，我們必須重新檢視這個問題。

肥料所含的化學元素可分為

- **主要元素：**氮 (nitrogen，化學符號為 N)、磷 (phosphorous，化學符號為 P)、鉀 (potassium，化學符號為 K) 是最重要的三大元素，有關的肥料稱為「NPK」肥料；
- **次量元素：**主要為鈣 (calcium)、鎂 (magnesium)、硫 (sulphur) 等；

- **微量元素：**主要為鐵（iron）、錳（maganese）、硼（boron）、
  銅（copper）、鉬（molydenum）、鋅（zinc）、氯（chlorine）等。

以上這些元素都普遍存在於生物的軀體，所以也存在於上述的肥料之中。也就是說，生物沿著「食物鏈」進食、排泄並在死後分解，只不過是將這些原本存在於地殼裡的各種元素不斷循環使用的過程而已。

當然，在風雨侵蝕、水土流失、山林大火、過度種植、過度放牧，以及各種生態系統的轉變下，不同地方的土壤肥沃程度可以有

Ⓣ 聚焦科技
糞便可以帶你走多遠？

一直以來，人們都需要花費不少資源去處理排泄物。但這些看似無用的糞便，卻也能變身為環保燃料。英國有一輛生物能源巴士（Bio Bus）以人類排泄物和廚餘的甲烷氣體作為燃料，減少大眾運輸廢氣排放量。相比起傳統的柴油汽車，這種巴士排放的二氧化碳少20至30%、二氧化氮少80%，且排放更少懸浮粒子。這條巴士路線雖然全程只有約32公里，但巴士注滿燃料後，其實可以行駛約300公里。

相片來源：Geof Sheppard

很大的分別，因而對施肥的要求也有所不用。

肥料戰爭──肥水該流何家田？

17世紀的歐洲出現了一場農業生產力的革命，由於它最先出現於英國，所以被稱為「英國農業革命」(British Agricultural Revolution)。但這場革命很快便延伸至歐洲其他國家，並且引發起對肥料的巨大需求。

19世紀初，歐洲人在南美洲的秘魯 (Peru) 無意中發現了一個巨

大的肥料寶藏,那是千百年來由無數海鳥及蝙蝠的糞便積聚凝固而成的「鳥糞石」(guano)。雖然當中不少都堆積在險要的懸崖之上,但因為利之所在,它們很快便成為商人大力開採的對象。這些富於磷、鉀等養分的物質一度被稱為「白色的黃金」(white gold),其價值之高可想而知。

在1824年擺脫西班牙統治而成為獨立國家的秘魯,於1840年將鳥糞石的生產國有化,並利用所得收入大幅改善人民的生活。

不久,鄰近的玻利維亞(Bolivia)、厄瓜多爾(Ecuador)、智利(Chile)等國家也發現了鳥糞石並進行開採。1864年,西班牙佔領了鳥糞石產量最高的一個秘魯島嶼欽查群島(Chincha Islands),從而開展了與上述國家長達10年的「西班牙─南美戰爭」(Spanish-South American War)。

當時南美各國的人民團結一致,而敵軍於軍事補給上也遇上重重困難,西班牙最後於1866年撤離南美。可惜勝利後迎來的不是和平,因為智利為了自身的利益,於1879年向秘魯和玻利維亞發動攻擊,目的是奪取對方的鳥糞石和另一種珍貴物質「智利硝石」(Chile saltpetre,含有硝酸鈉)的產地。

在這場被稱為「硝石戰爭」(Saltpetre War)中,智利大獲全勝,

玻利維亞更因此失去海岸線而成為內陸國家。

但很快，鳥糞石和硝石的爭奪都成為歷史陳跡，這是因為人類發明了以化學方式合成肥料的方法，從此為糧食生產帶來一場影響深遠的革命。

和平的關鍵——人造肥料

早於19世紀中葉，科學家已經得悉植物生長需要哪些主要元素，從而開啟了化學合成肥料的先河。可是真正帶來革命性影響的，是德國化學家弗里茨·哈伯 (Fritz Haber) 於1903年所發明的「哈伯法」(Haber Process)。

甚麼是「哈伯法」呢？我們首先要了解的是，氮這種元素為所有植物生長所必需，但絕大部分植物都不能從大氣層中直接吸取氮。少數植物的「固氮作用」(nitrogen fixation) 於是成為了植物界得以茂盛茁長的關鍵。

自然固氮 (natural nitrogen fixation) 是在自然狀態下，將大氣中的游離氮氣轉化為如硝酸鹽 (nitrates)、氨 (ammonia) 等氮化合物的過程。主要的途徑有兩種：

- **氣電固氮：**透過閃電提供的超高能量將氮氣合成為各種氮

化合物，約佔自然固氮的10%；

- **生物固氮：** 自然界中一些微生物可以分泌「固氮酶」
  （nitrogenase），如與豆科植物共生的根瘤菌(rhizobia)，能
  夠將空氣中的氮氣轉化為氮化合物，約佔自然固氮的90%。

至於「人工固氮」，是指以化學方法將氮氣轉化為化合物，最
常用的「哈伯法」，是將氮氣和氫氣在高溫、高壓和催化劑 (主要為
鐵) 的作用下結合成氨，然後再透過一系列的化學反應，轉化為其
他化合物，如硝酸等。由此所製成的肥料，我們稱為「人造肥料」
(artificial fertilizer)、「合成肥料」(synthetic fertilizer) 或「化學肥料」
(chemical fertilizer)，其中以最後一個最常用 (簡稱「化肥」) 卻也最
不科學，因為無論人工與否，所有肥料其實都和化學有關。

自從人造肥料面世，迅即被大量採用，農業產量因而大增。人
們不必再爭奪鳥糞，在經濟較為發達的國家，饑荒更成為了歷史。
可惜人造肥料也帶來了眾多環境生態的問題，甚至為我們確保「未
來食物」供應上帶來巨大的挑戰。

6

「綠色革命」
前哨戰

06

「綠色革命」前哨戰

《聖經》最後一章〈啟示錄〉(Book of Revelation) 之中，記載了人類無法逃避的「末日四騎士」(Four Horsemen of the Apocalypse)，他們分別代表了瘟疫、戰爭、饑荒和死亡。饑荒與文明，似乎一早便結下了不解緣。

人口增長的計時炸彈

1798年，英國學者湯瑪斯・馬爾薩斯 (Thomas Malthus) 發表了一本名叫《人口學原理》(An Essay on the Principle of Population) 的著作，指出人口增長屬一種「幾何級數」(geometric progression) 的增長，亦即「指數增長」(exponential growth)，相當於根據銀行利息計算的「複式增長」(compound growth)，而糧食生產量則最多只能以「算術級數」(arithmetic progression) 增長，所以後者一定追不上前者，而長遠來說，糧食的需求必然超越供應，饑荒將來恐怕會變為人類社會的「常規」而非「例外」。

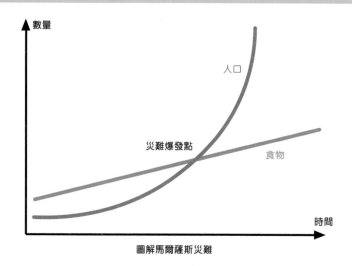

圖解馬爾薩斯災難

這種悲觀的論點對當時的社會造成了頗大的影響，即使接著下來的19世紀迎來了工業革命的生產力躍升，但饑荒的陰影始終揮之不去。

20世紀上半葉經歷了兩次世界大戰，不少人對文明能否繼續進步更深表懷疑。戰後，隨著經濟復蘇和現代醫學的發達，人口增長迅速。1900年，全世界的人口是16億；但到了1950年，已增加至25億，即短短50年間增加了56%之多。1968年，美國學者保羅·埃利希（Paul Ehrlich）發表了《人口炸彈》（*The Population Bomb*）這本著作，他從人口學和生態學的角度出發，預測未來20到30年全球將會爆發糧荒。一時間，社會上瀰漫著末世的悲觀氣氛。（筆者中學時期曾於公共圖書館借閱這本書，並一度因其悲觀結論而感到情緒低落⋯⋯）

可幸的是，雖然某些地區確曾出現饑荒，特別是在非洲，但埃利希預言中的全球性災難並沒有發生。究其原因，是在他撰寫《人口炸彈》的時候，一場鮮為人知的革命已在悄悄展開。

綠色革命有望終結悲劇？

這場被稱為「綠色革命」(Green Revolution) 的偉大轉變最先在墨西哥展開，主導的是聯合國的「糧食及農業組織」、美國農業部以及慈善組織洛克菲勒基金會 (Rockefeller Foundation)，其中的主導人物是美國農業學家布諾曼 (Norman Borlaug)。

上世紀50年代，為了解決墨西哥糧食不足的問題，布諾曼和他的團隊致力培育出一種高產量和不易受疾病侵害的新小麥品種。經過了達6,000次的配種嘗試，他們終於成功培養出一種稈部粗壯和身材較矮的「矮小麥」(dwarf wheat)。由於產量大增，墨西哥於1963年不但達至糧食自足，更成為了小麥的出口國。

到了60年代，布諾曼將這個成功的經驗先後帶往印度和巴基斯坦。1965至70年間，這兩個國家的小麥產量增加了近一倍。隨著這種進步延伸至中東和拉丁美洲等地，「綠色革命」這個名稱不脛而走。由於他的努力拯救了無數可能因糧食不足而餓死的人，布諾曼於1970年獲頒諾貝爾和平獎。

在人類的主糧之中，若以進食的人口計算，稻米是比小麥重要得多的穀物。1960年，菲律賓的「國際稻米研究所」(International Rice Research Institute) 在美國的福特基金會(Ford Foundation) 和洛克菲勒基金會的資助下成立。1966年，研究所成功培育出一種編號為IR8的稻米品種，並在菲律賓和印度成功大量種植。由於它的驚人產量，故又有「奇跡米」的稱號。

大麥、小麥、粟米等穀物都有機會感染燕麥紅葉病 (barley yellow dwarf virus，簡稱 BYDV)，因而引致產量下降甚或失收。

同樣在60年代，中國的農業學家袁隆平在水稻的雜交方面取得重大突破，從而使中國水稻的產量大幅提升。正如布諾曼被稱為「綠色革命之父」，袁隆平被稱為「雜交水稻之父」。

「綠色革命」確實令預言中的饑荒沒有出現，但就人口增長而言，埃利希的《人口炸彈》其實沒有錯。20世紀伊始的全球人口是16億，21世紀伊始的人口是60億。百年內增加近4倍這種情況，在人類歷史上絕對是「空前」，而展望未來也應該屬「絕後」，因為無論糧食如何增產，我們也無法想像到2100年之時，我們可以養活240億人。

聚焦數學
未來的地球人口大預測

近百多年來，世界人口出現爆炸性增長。截至2021年11月，全球總人口已達到79億，而且還在持續上升。不過目前出生率已逐漸下降，使全球人口增速正趨向減慢。根據聯合國的預估，在2030年世界人口將達到85億，於2050年達97億。

在未來 30 年，有研究估計非洲將是人口增長最快的大陸，預料到2050年會增加13億人口。緊接著的是亞洲，預計增加7.5億人口。不過，歐洲大多數國家的出生率一直偏低，現時每個婦女平均生育的小孩個數為2.1個子女（於2019年全球的數字約為2.5個），故部分地區的人口將會減少。

沒錯，全球的出生率已普遍在下降，按照聯合國的人口專家估計，全球人口至本世紀末會穩定在110到120億左右。以現時的科技，我們原則上勉強可以養活這120億人，但以下兩項至關重要的

發展卻教人無法樂觀：

- 較貧困落後的發展中國家，主要集中於亞洲、非洲和拉丁
  美洲的第三世界人民在經濟發展後對食物的更高要求，特
  別是肉類和奶類製品；

- 更嚴重的是全球暖化導致的生態環境災難。我們會在往後
  的章節作出更深入的探討。

饑荒與失收無關　經濟作物才是禍首

筆者最後想指出的是，在現代世界，糧食不足、營養不良甚至
饑荒等現象仍然偶有發生（筆者執筆的2021年底，也門和索馬里正
受到饑荒的肆虐），但這往往跟「糧食失收」沒有直接關係，這是因
為在「國際分工」的思想下，大部分較富裕的國家都放棄了「糧食自
足」這個目標，轉而從外地購買糧食。即使某個糧食出口國出現失
收，入口國家也可以改向別的產糧國購買。至於較貧困落後的第三
世界國家，它們在西方的殖民統治之前大多是糧食自足的。但過去
500年來的殖民統治下，西方國家為了自身的利益，強迫這些國家
進行「分工」而改種各種不同的「經濟作物」（cash crops），例如某
國主要種甘蔗，某國則種棉花，另外一些分別種煙草、咖啡豆、可
可豆、橡膠、香蕉、菠蘿等。

非洲人最愛吃朱古力？

可可豆是製造朱古力的必要原材料，它的味道苦澀，需要經過加工才能變得美味。根據國際可可組織 (ICCO) 的統計資料，估算 2020 至 2021 年全球可可豆的產量分布如下：

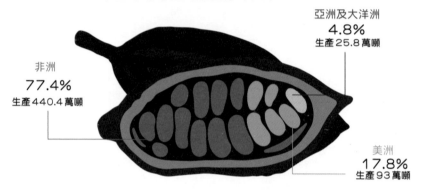

亞洲及大洋洲
4.8%
生產 25.8 萬噸

非洲
77.4%
生產 440.4 萬噸

美洲
17.8%
生產 93 萬噸

非洲雖然盛產可可豆，但大部分可可豆都會出口到外國進行加工，供應給其他地區的人食用，因此不少當地人從未品嘗過朱古力。

上述這種「單一種植」表面看來很有效率，事實卻十分不明智，因為土地的肥力會衰竭，而一旦出現傳染病，大批作物會同時被摧毀。

第二次世界大戰後，即使大量殖民地奮力爭取獨立，但它們向西方 (後來還包括日本、南韓、中國等) 出口原材料的經濟模式沒有根本改變。結果是，只要原材料的國際價格出現較大波動，這些國

家的收入(以美元結算)便有可能大減,以致沒有足夠資金購買國民
所需的糧食。

現實是,以往是「沒有食物會餓死」,今天是「沒有金錢會餓
死」。當然,「朱門酒肉臭,路有凍死骨」的現象古已有之。以前這
僅屬個人的情況,現在這個現象已延伸至國族的層面。筆者在序言
中指出,今天世界生產的糧食,有接近三分之一被浪費掉。在西
方,不少人更因為患有過度肥胖症(obesity)而需要求醫。相反,
在第三世界卻仍有很多人營養不良甚至因饑餓至死,當中不少是兒
童。2008年,學者拉傑‧帕特爾(Raj Patel)發表了《過餓與過飽》
(Starved and Stuffed)一書,揭露了這種荒謬的現象。「綠色革命」
確實已經打破了馬爾薩斯「常規饑荒」的咒語,但我們仍然生活在
一個「不患寡而患不均」的世界。

聚焦數學

「肥胖」的科學計算

　　肥胖的定義是可損害健康的異常或過量脂肪積聚，而體重指標(BMI)是人們常用來分析體重是否適中的方法，計算方法是：

$$體重指標 = \frac{體重（公斤）}{身高（米）\times 身高（米）}$$

　　西方人一般以BMI ≧ 25 時為超重、BMI ≧ 30 為肥胖，而亞洲人則以世界衞生組織西太平洋區公布的下列指標作準：

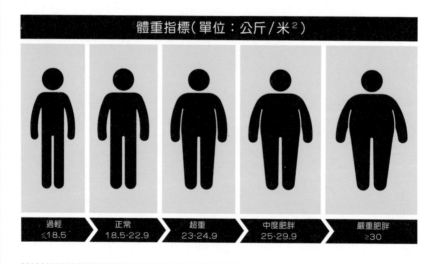

體重指標（單位：公斤／米²）

過輕	正常	超重	中度肥胖	嚴重肥胖
≦18.5	18.5-22.9	23-24.9	25-29.9	≧30

88

農業巨企——
食物背後隱藏的
龐大勢力

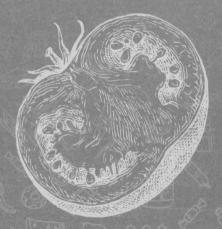

農業巨企——食物背後隱藏的龐大勢力

「綠色革命」的成就解鎖

比起原子彈出現、人類登陸月球或電腦網絡的興起，普羅大眾對「綠色革命」的偉大成就顯然認識不多。即使對此稍有認識的人，也只會集中探討「品種改良」這個幕後功臣，而對其他重要因素所起的作用沒有充分了解。這些因素包括：

- **可耕地(arable land)的大幅擴張**：自1900年至今，全球的農耕面積和畜牧用地 (grazing land) 皆各自大了一倍多，其中絕大部分都是將森林砍伐和將濕地填平獲得，此舉導致的自然生態摧毀和物種滅絕是糧食大幅增產背後付出的沉重代價；

為了開墾牧場，人們在巴西亞馬遜森林砍掉大量林木。

- **建設大規模的水利灌溉設施 (irrigation facilities)**：傳統
  的農業雖然也有偶然採用人工灌溉，但與天然雨水的灌溉
  (rain-fed agriculture) 相比屬非常次要。但自「綠色革命」
  以來，為了維持高產量，人工灌溉在不少地方已經成為了
  不可或缺的措施。今天，全球已有超過20%的農田必須依
  賴人工灌溉(卻提供了40%的糧產)，而這個比例正在增加。

- **大量人造肥料 (chemical fertilizer) 的使用**：這是讓糧食增
  產的一大功臣。聯合國的統計顯示，自1960年至今，人類
  使用的「化肥」增加了7倍之多。我們往後會看到，如此龐
  大的用量已經帶來了不少生態環境問題。

- **大量農藥 (pesticides) 的使用**：除了惡劣和反常的天氣
  外，農夫最大的敵人就是影響農作物的疾病和各種害蟲。
  今天，大量使用農藥已經成為了保證農產量的必要手段。

- **大量農業操作的機械化 (mechanization)**：這是大幅提升
  生產效率的主要功臣。無論在破土、犁耕、播種、灌溉、
  施肥、除蟲、收割、脫粒、打穀、研磨等各個階段，機器
  的使用都大大減省了人手和提高了速度。同樣的情況也出
  現在畜牧業的各個程序之上，包括了乳牛擠奶機。

- **冷凍技術 (low-temperature technology) 和交通運輸的發達：**

  最易被人忽略的一個功臣，是可以將糧食儲存於低溫以防止腐爛，以及能夠將它們運往遠方的交通運輸系統。這項發展促成了糧食生產的國際分工，從而提升生產效率。

滲透世界的巨企霸權

由於上述不少發展都需要巨額資金，而所獲得的好處亦會按「規模經濟」效應 (economies of scale) 而增加，即規模愈大能夠獲得的好處也愈大，所以總的結果是農業不斷工業化和企業化，而大量耕地亦愈來愈集中到為數不多但財雄勢大的「農產巨企」(Big Agribusiness) 的手上。

這些跨國農產巨企如吉嘉 (Cargill)、阿徹丹尼爾斯米德蘭公司 (Archer Daniels Midland Company，簡稱ADM)、拜耳 (Bayer)、孟山都 (Monsanto) 等，雖然不及「科技巨企」(Big Tech) 如蘋果 (Apple) 和谷哥 (Google)、「大石油商」(Big Oil) 如埃克森·美孚 (Exxon-Mobil) 和蜆殼 (Shell)、或者「大藥廠」(Big Pharma) 如強生 (Johnson and Johnson) 和「輝瑞」(Pfizer) 等為人所熟知，但它們對世人的影響卻是有過之而無不及。它們控制了食物產業的「上游」和

「下游」操作,包括種子、肥料、農具、農藥等供應,以至食物的加工、包裝、運輸、分銷等。我們在超級市場買到的食物,大部分都是這些農產巨企所提供的。

農民的坎坷命運

工業化和企業化的進程,在不同國家可以有很大差別。在西方的發達國家,農業已經高度工業化和機械化,以致從事農業的人口大幅下降。以糧食出口大國之一的美國為例,農業人口竟不到全國人口的2%。

根據世界銀行於2019年的統計,農業人口佔勞動人口的比例在中國是25.3%,在印度是42.6%,在東非的肯雅是54.3%。但以非洲國家計,肯雅已屬較低的了。在不少較為貧困的非洲國家,這個數字仍然可達70甚至80%以上。國際經濟發展不均,由此可見一斑。

人口比例未有充分反映的情況,是在農民比例愈低的國家裡(如歐、美),完全獨立的「自耕農」數量一般愈少,而租借農地耕種的佃農和受僱而從事耕種的人則愈多。相反,在比例愈高的國家(如不少較貧窮的第三世界國家),仍然在「小農經濟」模式下從事「自給農業」的人數則愈多。

在這種趨勢下，現代社會出現了一種奇怪的新生事物：農民市集 (farmer's market，又稱農墟)。說是奇怪，是因為農民把收成的作物拿到市場上出售本來是最自然不過的事情，但在今天，絕大部分農產品都是在農產巨企的合約下被統一收購和行銷，所以農民直接在農墟出售標榜沒有施放大量農藥和化肥的「有機蔬果」，成為了常規供應以外的一股潮流。當然，這些產品一般都較為昂貴，基層市民難以負擔。

在2021年，香港有調查發現市民比以往少了到超市和街市購買有機食品，反而向小型農產品商店直接購買的比例急增。

　　過去數十年來，農產巨企對市場的壟斷和操控已經惹來了不少批評。首當其衝的是孟山都公司 (Monsanto Company)，這家公司於2018年被德國製藥及化工跨國集團拜耳公司Bayer所收購，成為旗下一個部門；但該公司在過去曾經大量生產「滴滴涕」(詳情可參閱下一章)、致癌的工業化合物「多氯聯苯」(polychlorinated biphenyl，簡稱PCB)、美國在越戰期間大量使用的「落葉劑」(又稱「橙劑」的 Agent Orange) 等等後來皆被禁用的物質。其中最具爭議的，是上世紀末由孟山都製造並在印度推廣的「自殺種子」(又稱「終

結者種子」)。由於這些種子的下一代是不育的，農民被迫每年再向孟山都購買新的種子耕種。結果，農民往往因此負債累累，最後不少走上自殺之路。統計顯示，自1995至2020年間，有近30萬印度農民自殺身亡。雖然一個人自殺的原因可以非常複雜，但普遍相信這個浪潮和「自殺種子」的推廣有關。

聚焦科技
可怕的化學武器

　　1962至1971年還在越戰期間，美軍為了讓敵人無處藏身，在南越和老撾部分地區大量噴灑除草劑「橙劑」，清除茂密的植被。但橙劑含有劇毒二噁英 (Dioxin)，這種化學物質不單會破壞人類基因組，導致胎兒畸形、癌症等疾病，而且它可以在環境中存在數十年，又能通過食物鏈在自然界循環。因此即使過了許久，橙劑的禍害仍未結束，持續危害人們的健康。

　　不過，這種除草劑起初並非為戰爭而設，發明者亞瑟·蓋爾斯敦 (Arthur Galston) 發現了一種植物生長調節物質可以刺激大豆開花，加速大豆生長。與此同時，他發現大量使用的話，會讓植物掉落葉子。而這個反效果令原本作農業用途的橙劑，被濫用成可怕的化學武器。

相片來源：U.S. Army
越戰時軍隊在田野間噴灑橙劑。

瘟疫蔓延有如企業化的魔爪？

在畜牧業方面，企業化也帶來了一個可怕的疾病——瘋牛症 (mad cow's disease)。我們都知道牛是草食動物，但上世紀末，一些畜牧企業為了提升產量，將其他動物 (如羊) 的肉和骨混合研磨成粉並加到牛的飼料之中。結果，令出現在羊隻身上一種叫「搔癢症」疾病的「病源性蛋白」(prion) 轉移到牛隻的身上。染病牛隻的腦部組織會受到嚴重破壞，牛隻的行為因此失常直至死亡。這種疾病一旦傳至人類身上，則稱為「克雅二氏症」或「庫賈氏症」。

第一宗瘋牛症於1985年在英國發現。由於病源體有機會因為進食牛肉而進入人體，所以迅即引起全球恐慌。雖然在各國的嚴格控制下，這個疾病沒有大規模爆發，而人類染病死亡的人數至今不足200人，但這已經為人類「為求目的，不擇手段」強迫牛隻食葷帶來了深刻的教訓。

然而，過去大半個世紀的總體發展趨勢，是「勞力密集」和基本自足的「小農經濟」生產模式，不斷被「資本密集」和「科技密集」的農業巨企以工業化和企業化的生產模式取代，而「小農」的生存空間更是變得愈來愈小。在探討「人類未來的食物」時，我們必須重新檢討這項發展。

8

蔬食生產背後
的危害

88

蔬食生產背後的危害

終將逝去的好日子

　　我們正活在一個空前富裕的年代。走進一間有出售新鮮食物的大型超級市場，放滿琳琅滿目的食物，部分更設有即場試食——這肯定會令生活在100年前的人目瞪口呆。一些過往只有王公貴族才得以品嘗的珍貴食物，今天的普羅大眾也可以有機會品嘗（當然限於較有經濟能力的人）。對，我們是這樣幸運的一個世代，但我們有沒有想過，這種富饒的背後包含著多少代價？而這樣的美食天堂，又可以持續多久？

　　人們常常說「靜靜起革命」，這句話用於《寂靜的春天》(Silent Spring) 這本著作可說最貼切不過。這本書於1962年出版，作者是美國海洋生物學家瑞秋・卡遜 (Rachel Carson)。卡遜寫作時大概沒有想過，這本書日後會成為「環境保護主義」的「聖經」。但假如她活到今天，更會感到驚訝的，應該是人類經歷了大半世紀的慘痛教訓，卻仍然對生態環境不斷被破壞束手無策。當然她對兩方面的發

展也未能目睹，因為她於書籍出版後兩年便因癌症病逝，享年只有
56歲。

夢魘 1 號：滴滴涕

　　《寂靜的春天》講的是甚麼呢？原來在第二次世界大戰期間，
一種由化學家在實驗室裡合成的化合物「雙對氯苯基三氯乙烷」
（Dichloro-Diphenyl-Trichloroethane）開始被廣泛應用於消滅蚊子、
虱子、蒼蠅等害蟲。戰後，這種簡稱為「滴滴涕」（英文縮寫DDT的
音譯）的物質成為了極受歡迎的農業殺蟲劑，並被大量施放於各種
農作物之上。

　　蟲害往往令糧食減產，是以上述發展本應是大好消息。然而，
卡遜很早便對這些人工合成的農藥抱有懷疑，因為它們殺蟲效果固
然很好，但對整個生態環境的影響卻是未知之數。她於是作出了深
入的調查，結果發現大量使用「滴滴涕」已經對環境造成很大的負面
影響。不錯，表面看來它對高等生物的毒性不高，但由於它難以自
然分解，所以會透過我們在〈食物金字塔隱藏的資訊〉介紹過的「食
物鏈」，一步一步在生物體內累積，以致對生態造成傷害。其中大
量雀鳥離奇死亡導致春天「寂靜」是最先引發人類注意的一個警號。
由於卡遜深覺事態嚴重，所以她放棄了單單在學術期刊發表論文的

慣常做法，轉而撰寫一本通俗的書籍以喚起大眾關注。

書籍出版不久，她即受到了農藥生產商及至美國農業部的猛烈批評，一部分甚至達到人身攻擊和恐嚇的地步。但卡遜沒有退讓，而不少身受其害的民眾亦挺身而出支持卡遜，並且組織起來要求取締「滴滴涕」，我們所認識的「環保運動」自此開始了。

雖然美國政府終於在1972年禁止使用「滴滴涕」，但多年以來，環繞著各種農藥的爭議未有停息。2020年的一項研究顯示，全球44%的農夫曾經因工作需要而接觸磷酸酯

（organophosphate，又稱有機磷）這種非常普遍的有毒農藥 ，每年中毒受傷的人數平均達300多萬人，而死亡個案則超過20萬之多。

除了直接中毒外，還有在食物中殘留農藥問題。以香港為例，自上世紀80年代，便多次出現「毒菜」事件，更有市民因進食而健康受損。究其原因，是內地輸港的蔬菜往往仍然包含著遠超規管標準的農藥分量，這種情況在冬天寒流侵襲時期最為常見，因為菜農

不想蔬菜凍死而提早收割，結果農藥尚未消散，蔬菜便已運抵香港流入市場。

夢魘 2 號：草甘膦

最備受爭議的一種農藥是 1970 年由孟山都的科學家合成的除草劑草甘膦 (glyphosate，其商品名稱為 Roundup，譯作農達、好過春或家家春等)。這種農藥極受農民歡迎，特別是孟山都推出了「抗草甘膦」的「轉基因作物」(genetically-modified crops) —— 大豆、棉花、玉米等之後，農民能夠除掉雜草而完全不損害莊稼。然而，在環保組織多番指控下，世界衛生組織 (WHO) 終於在 2015 年指出草甘膦有可能致癌。雖然美國和歐盟並不認同而容許繼續使用，但因過度噴灑導致人類中毒的事件偶有出現，而科學家亦證實，草甘膦會透過食物鏈進入人體，所以國際上出現了聲浪日高的禁用運動。

由於截至 2022 年初，禁用草甘膦的國家依然為數甚少，歐洲就僅有奧地利，亞洲有泰國和斯里蘭卡，為了避免殘留農藥的風險，我們日常購買蔬菜和水果之後，必須徹底清洗甚至在水中浸泡一段時間才可進食／煮食。因為研究顯示，一般煮食的溫度不足以將草甘膦分解。

清洗蔬果的科學

常有新聞報導指出，在蔬果中驗出殘留農藥，有的甚至殘餘量超標，損害我們的健康。但日常生活中難免需要食用蔬果，我們只能徹底洗淨，以保障食物安全。坊間流傳不少去除農藥的方法，又是否真的有效？試從科學的角度看一看。

鹽：部分附在蔬果上的農藥成分為脂溶性物質，鹽水對脂溶性化合物的溶解度不高，無法完全清除農藥。而且鹽水的濃度過高，反而會使當中的農藥滲透進蔬果中。

梳打粉：梳打粉的化學名稱是碳酸氫鈉，溶於水時呈現弱鹼性。許多酸性農藥在鹼性環境中，降解速度會加快。但相比起我們洗菜的時間，整個降解過程仍是十分漫長，因此用它來清洗蔬果的效果未必理想。

醋：醋具有酸性，因此用醋來清洗含有酸性農藥的蔬果，反而會延長降解時間，適得其反。

天然蔬果清潔劑：蔬果清潔劑可能含有化學介面活性劑，若沒有徹底洗淨，有機會導致二次殘留，增加風險。

夢魘 3 號：人造肥料

除了農藥之外，大量使用人造肥料也為江河湖泊和海洋帶來災難。這是因為在排水的過程中，關鍵的養分如氮、磷等會隨著肥料和人畜的糞便流入水中，令藻類 (algae) 和其他浮游生物 (plankton) 迅速繁殖。這種「富養化」(eutriphication) 的結果，是水中的含氧量大幅下降且變得渾濁，而藻類更會釋放出有害的毒素，令水中各種生物窒息成亡。香港沿海偶然出現的「紅潮」，便是這種現象造成的。

在江河、湖泊和水庫中出現富養化稱為「藻華」，在海洋中則稱為「紅潮」。注意藻華不一定是紅色的，水面往往會因為不同浮游生物而呈現出黃色、綠色等，曾在香港引起觀賞熱潮的「藍眼淚」，便是由發出藍光的發光藻引起。

紅潮令泳客受到毒素刺激皮膚和眼睛已屬最低的影響，遠為嚴重的，是全球多處的大片海域因為長期富養化而變成一片死寂，科學家稱之為「死區」(dead zones) 或「海洋中的沙漠」。其中最嚴重的出現在美洲的墨西哥灣和美國東岸，其次是歐洲西北部沿岸，以及西北太平洋的東海和日本海等區域。這種生態災難的總面積迄今已達數十萬平方公里，比英國的面積還要大。

88

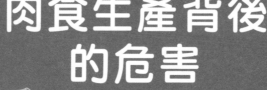

肉食生產背後
的危害

09

肉食生產背後的危害

肉類潛藏的「毒藥」

在日常飲食中，沾染了農藥的蔬果尚且可以清洗，但另外一些有損健康的物質卻無法這麼容易清除，例如愈來愈多出現在肉類中的抗生素 (antibiotics) 和激素 (hormones)。在源源不絕的肉類供應背後，我們或許已經付上無法想像的代價。這到底是甚麼回事呢？

原來這與過去100年左右的畜牧業急速擴展，以及高度企業化的操作有關。隨著世界人口不斷上升和社會的富裕程度增加，人們對肉食的需求急速上升。佔了世界人口五分一的中國是最明顯的例子，當然中國人的平均肉食量迄今仍與美國人的相差甚遠。

結果是，傳統的放牧形式已從過去如「走地雞」一般的人道飼養，轉變成規模愈來愈龐大的集約式飼育場 (feedlots) 或稱「工廠化農場」(factory farm)。為數眾多的牲畜包括雞、豬、牛……被囚禁在極擠迫極惡劣的環境之中飼養。為了令牠們儘快長大長肉，牠們被注射大量的生長激素；而為了防止各種疾病在如此擁擠的環境中

爆發和蔓延，又會被注射大量的抗生素。

不錯，「企業化畜牧」令肉類的供應大幅增加和售價下降，但某一程度上我們也自食其果。理論上，在市場上出售的肉類不應含有這些外來物質，但正如蔬果上的農藥一樣，在處理不當時，殘留的抗生素和激素便有機會進入我們體內。

大魚大肉的風險

大家可能知道，假如我們因為細菌感染而生病，醫生為了殺滅細菌，往往為我們處方抗生素，供口服或注射。大家亦可能聽過，過度使用這種治療方法，有機會引致細菌出現「抗藥性」，使得往後使用抗生素時效用大減，在面對一些由此出現的「超級細菌」(superbug) 時甚至出現無藥可用的情況。科學家的研究顯示，即使我們沒有生病而服用抗生素，肉類中殘留的抗生素也會令我們體內的分量增加，從而加劇了以上的問題。另一方面，原本感染動物的「超級細菌」也可以轉為感染人類，令瘟疫爆發的風險大增。

此外，為了令禽畜快高長大，現代畜牧業也大量使用生長激素 (growth hormones)，但研究指出，這些激素洩漏到自然環境後，會對生態做成很大干擾，其中包括雌性動物的雄性化、雄性動物的雌性化、性別比例失調甚至不育等。

最備受爭議的一種激素，是在上世紀70年代透過「基因重組技術」(recombinant DNA technology) 合成的「重組牛生長激素」(recombinant bovine growth hormone，縮寫 rBGH)。這種激素的一大作用是增加乳牛的乳汁產量，但憂慮到它對牛隻及至人類帶來的不良影響，不少國家如歐盟、加拿大、澳洲等已經禁止使用。雖然世界衛生組織和美國皆認為激素不對人類帶來任何威脅，不過為了釋除公眾的疑慮，一些生產商會在牛奶產品上貼上了「不含rBGH」的字樣，好讓消費者可以作出選擇。

曾經有過一段時期，這種激素被認為與西方兒童早熟 (precocious puberty)——例如8、9歲的女孩開始有月經，11、12歲的男孩已經要刮鬍子——的趨勢有關。但往後的研究顯示，rBGH會在消化過程中被人體分解，所以不會殘留體內，而早熟的現象有可能跟營養全面改善甚或過分攝取有關。

較早熟這個現象更令人擔心的，是激素會否誘發癌症（腫瘤）這個問題。科學家指出，由於激素會干擾人體的內分泌系統 (endocrinal system)，有機會增加癌病的風險，特別是女性的乳癌和子宮癌等。

聚焦工程
基因改造病毒？！

文中的「超級細菌」並不是指某一種細菌，而是指具有高度抗藥性的細菌。假如一種細菌幾乎對所有抗生素都有抗藥性，那就算是超級細菌了。

為了對付入侵人體的超級細菌，過去就有科學家嘗試利用噬菌體 (bacteriophage) 反擊。噬菌體是比細菌細小得多的病毒，它可以鑽進細菌內並將其蠶食。若要用它來治療疾病，就得找到一種既可蠶食細菌而又不損害人體的噬菌體，不過這樣做並不容易。於是科學家利用基因工程改造噬菌體，令它們進入細菌後便讓細菌進入睡眠狀態，成功減輕患者的病情之餘，又不會帶來不良影響。可惜這種技術目前尚未成熟，還有待日後繼續研究。

圖中是典型的噬菌體結構。

暗黑牧場物語

對現代畜牧業的批評，還包括了上述提到的殘忍對待動物。以數量最為龐大的雞、豬和牛為例，牠們不少一生都不見天日，更不要說父母親，而且自出娘胎便身處極狹窄的空間並被「催谷」飼養

和注射大量的激素和抗生素。一些動物甚至因為體重過度增加，雙腳不勝負荷而壞死；此外，業界經常將大量不會生蛋的雄性小雞以輾碎的方式「人道毀滅」，亦引來了社會人士的強烈批評。

可悲的情況是，隨著人類經濟不斷擴張，一方面全球野生生物的數量正急速下降，另一方面受到上述不人道對待的動物數量卻持續上升。按照最新的估計，人類現時每年為了食用而宰殺的動物（不計漁獲）達到700億頭之多，即等於全球人口的9倍多，而這個數字還在攀升。

工廠化農場的雞農會在數小時內交替開關電燈，利用燈光控制雞隻的生長速度。

看不見的生產成本

農業對自然生態環境的破壞同樣驚人。全球野生生物品種最多的地方，是地球上的三大雨林——南美洲的亞馬遜森林、東南亞（特別在婆羅洲）的雨林，以及在非洲的剛果雨林。但在經濟發展的「硬道理」下，它們正不斷被蠶食。其中亞馬遜森林被大規模砍伐開墾，為的是種植大豆和牧牛；而印尼在婆羅洲的雨林則被鏟除來種

植棕櫚樹,以滿足發達工業國家對棕櫚油(palm oil)的龐大需求。無論對雨林中的原住民還是各種野生生物,這些都是毀滅性的大災難。

現在讓我們看看人類糧食另外一個重要來源——海洋。今天,漁業(fishery)和水產業(mariculture/aquaculture)提供了人類食用蛋白質的15至20%。對於一些較貧窮的第三世界國家(當然也包括島國),它們更是蛋白質的主要來源。然而,過去數十年的過度捕撈已經嚴重影響這個重要的食物來源。

統計顯示,自上世紀50年代以來,全球漁船隊伍的規模大了超過5倍,但自90年代以來,全球漁獲已經停滯不前,一些地區甚至出現了下跌的趨勢。不要忘記,比起上世紀中葉,漁船的性能和裝備如衛星導航、雷達、聲納等不知先進了多少倍,但這些進步卻未能令漁獲增加。科學家指出這是因為在很多海域,捕魚量已經超越魚類可以繁殖補充的速率。簡單來說,這是「殺雞取卵」的最佳例子,也是「公地悲劇」的一個範例。

不斷重演的公地悲劇

甚麼是「公地悲劇」(tragedy of the commons)呢?那是指如果一個無須支付費用的公共資源可以帶來私人的財富增長,那麼所有

人都會儘量耗用這個資源，因為珍惜資源的人不會得到補償，而不珍惜的人則可以財源廣進。由於沒有人想吃虧，結果是資源會被徹底耗盡，到頭來所有人受害。

由於公海不屬於任何人，即使我節制捕魚而其他人毫不節制，我也只會吃虧亦於事無補。正因為這種邏輯，「保護海洋」的呼聲雖然已經在無數國際會議上被提出，卻未能起到實質的作用。中國政府1999年起在南海推行「休漁期」，正是希望在有限區域內讓魚群有機會休養生息。

當漁業崩潰時，當然會導致漁民生計頓失，但首當其衝的不是富裕的國家，而是方才提到依賴漁產作主糧的第三世界國家。一些學者指出，東非洲的索馬里沿海於本世紀初出現海盜肆虐，原因之一正是漁獲大幅下降，漁民無以為生所以鋌而走險。

為了在漁獲停滯不前之時仍然能夠滿足人們對「海鮮」日益高漲的需求，全球的水產養殖業 (aquaculture) 在過去數十年出現了爆炸性的增長。水產業可分為淡水和鹹水兩種，後者又稱為海洋養殖 (mariculture)。今天，養殖業提供的蛋白質已經與傳統漁業所提供的不相伯仲。展望將來，它將會成為人類未來糧食的一大來源。

香港的水產業雖然日漸式微，但仍然存有不少海魚、塘魚及蠔隻養殖區。圖中的是大頭洲三門仔的海魚養殖區。

由於養殖業的急速發展，魚糧供應的短缺已經成為備受關注的問題。水產科學家正嘗試開發一些新型的魚糧，令它們能夠滿足水產業的需求而又不會「與民爭食」。

最後要一提的是現代農業對石油的高度依賴。由於人造肥料的主要原料是提煉石油的副產品，而機械化農耕（例如開動翻土機和收割機）和產品運輸（因體積和重量都很大）需要大量燃油，所以農產品的價格往往隨著石油價格波動。對於一些較貧困的國家，兩者同時價格高漲會帶來雙重打擊。

吃海鮮等於吃塑料落肚嗎？

　　近年，海洋中的塑料污染日趨嚴重，不但危害海洋生物，更可能令人類進食海鮮時「自食其果」。

　　原來大量塑料物品如膠樽、膠袋和發泡膠等被棄置於海洋後，塑料會不斷破碎形成肉眼看不見的微塑膠 (microplastics)。它們會被魚類、貝殼類等生物攝取而進入食物鏈，人類進食這些海產，便可能連這些微塑膠也一併吃進肚子裏。

　　2022年6月，荷蘭一批科學家分析了22位健康成年人的血液，發現當中有17個樣本含有微塑膠。

　　科學家指出，微塑膠大多殘留於海洋生物的消化道。由於我們吃魚前一般會先去掉內臟，所以攝入的機會較低。但若吃掉整條細小魚類或貝類，例如白飯魚、生蠔、鮑魚等，則有機會吃進更多微塑膠。

10

致命美食——
加工食品與食物安全

致命美食──
加工食品與食物安全

愈方便，愈有害？

　　我們今天進食的東西，除了新鮮蔬果、肉類、穀物、雞蛋、牛奶等，其餘大都屬於「加工食品」（processed foods）。其中包括火腿、香腸、麵包、糕點、餅乾、糖果、大量各種各樣的零食，如薯片、蝦條、乾果，以及令人眼花繚亂的各式飲品，如汽水、果汁、酸奶等。

　　在農業社會，很多家庭都會自製麵包、糕點甚至蜜餞水果，在西方還包括火腿和果醬，在中國則有臘肉、豆腐、豆漿等等。今天，繁忙的都市人甚少花時間這樣做，反而會選擇購買現成和包裝好（pre-packaged）的食品。

E 聚焦工程 ·

透視紙包飲品盒的魔法

　　我們平日飲用的紙包飲品外表看似平凡的紙盒，但其實盒內大有乾坤。盒身是由以下6個夾層組成：

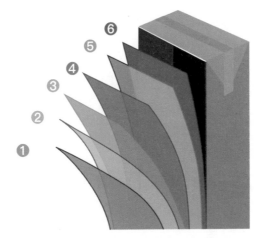

❶　　**聚乙烯**：防水，並防止環境中的濕氣侵襲

❷　　**紙**：能使包裝穩固

❸　　**聚乙烯黏附層**：用來黏合的膠

❹　　**鋁箔層**：厚度只有6.3微米，比頭髮還要薄，能用來阻隔光線、空氣和細菌

❺　　**聚乙烯層**：用來黏合的膠

❻　　**內部聚乙烯**：可密封飲品

　　這樣的設計不僅充分保護飲品的營養和品質，而當飲品經過高溫消毒後立即包裝起來，那就無需使用防腐劑也可以在室溫中保存。有了這個食品科技發明，人們便能安心又安全地喝飲品了。

為了作長時間保存和提升口感和味道，生產這些食品的廠商會加入各種不同的添加劑 (food additives)。但研究顯示，這些日新月異的添加劑，很可能對我們的健康帶來損害。於是，負責監管食物安全的各國政府部門與食品商之間，出現了一場永無休止的競賽。生產商要證明他們的新產品無損健康，而監管部門則要證明生產商的證明是否可靠。由於每年每月出現的新產品多不勝數，監管部門往往無法逐一細察，而只能要求生產商自律。畢竟食物有損健康，生產商的生意和聲譽都會大受影響。在不少地方，消費者組織和環保團體也會偶然進行檢測，並在有需要時發出警告。

問題是我們每天進食這麼多不同的東西，如果影響是慢性和逐漸累積的，我們實在很難斷定中間的因果關係——這與因為食物不潔而令我們進食後立即上吐下瀉是兩種完全不同的情況。正因如此，加工食物是否安全已經成為了一個廣受社會關注的問題。

食物添加劑只是「加鹽添醋」嗎？

加工食物中的添加劑包括種類繁多的：

- 防腐劑 (preservatives)
- 抗氧化劑 (anti-oxidants)
- 酸度調節劑 (acidity regulators)
- 增稠劑 (thickener)
- 膨脹劑 (leavening agent)
- 抗結劑 (anti-caking agent)
- 乳化劑 (emulsifier)

- 塑化劑 (plasticiser)
- 保濕劑 (humectant)
- 漂白劑 (bleaching agent)
- 甜味劑 (sweeteners)
- 調味劑／香精 (flavourings)
- 人造色素 (colouring)
- 光澤劑 (glazing agent)

以上只是一些主要的類別，今天用於食物的添加劑數以百計，要全面地評估它對健康的長遠影響真的談何容易。

我們可能以為各種古靈精怪的零食才包含著眾多的添加劑，而最普通的白麵包應該「天然」得多。然而2018年香港一間傳媒機構購入9款預先包裝的白麵包並委託化驗所測試，結果其中一款歷史悠久的本地麵包竟然含有17種添加劑之多。而在存放於辦公室的環境下，有4款麵包經過12天仍未有發霉現象，可見防腐劑的威力有多大。

不少加工食品都會加入添加劑來延長保存期限，以及維持食物質素。添加劑是以 E 字頭作為編碼系統的，我們可以在營養標籤中看到食物有沒有加入添加劑。

美味的垃圾食品

在加工食物興起的同時，20世紀亦見證著大型連鎖快餐店的出現。其中最著名的是全球已有近4萬間分店的「麥當勞」(McDonald's) 和分布差不多同樣廣泛的「肯德基」(KFC)。由於它們提供的「速食／快餐」和飲料含有大量脂肪 (包括反式脂肪)、膽固醇、鈉和糖分，所以不少人稱之為「垃圾食品」(junk food)。從營養學的角度，我們偶然吃一次的話，對健康的影響應該不大；但長期食用則必然有損健康。

近年的研究顯示，除了上述的不良成分外，「速食」中還包含著令人更為憂慮的成分。美國一項2021年的研究報告指出，絕大

部分這些食物如薯條、意大利薄餅、炸雞等,都含有一種叫「磷苯二甲酸酯」(phthalates) 的塑化劑。這種物質可以擾亂人體的內分泌系統,甚至導致生殖障礙。雖然驗測到的水平未有超過美國環保署所訂的上限,但已經引起美國食物暨藥物管理局 (Food and Drug Administration,簡稱 FDA) 的關注。留意這種物質也普遍用於塑料玩具,為了保障兒童的健康,歐盟規定玩具中的成分不能高於所用塑料的0.1%。

方才說偶然吃一次影響不大,但社會學家的研究顯示,社會中的低收入家庭因為無法負擔購買新鮮食物的開支,往往把這些「快餐」作為日常食物,長久下來,健康受到了很大損害。 這個現象在美國最為普遍,亦是不少兒童或成人患上過度肥胖症 (obesity,俗稱癡肥) 的主要原因。

踏進21世紀,一些學者提出徵收「含糖飲料稅」(sugar drink tax) 和「脂肪稅」(fat tax,又稱肥胖稅) 的建議,以減低人們對「垃圾食品」的需求。此舉既可保障大眾的健康,也可減低由此引致的龐大醫療開支。然而,在商界極力反對下,這些建議最後不了了之。

添加劑之亂

　　不要以為只有加工食品才含有不良的添加劑。除了前文提到的殘留農藥、抗生素和激素外，肉類、魚類和蔬果等新鮮食物也可能含有額外添加的東西，例如硼砂 (borax)。這種有損健康的物質會被加入肉類之中以增加它的彈性，一些無良商人更會用大量硼砂和色素把豬肉假扮牛肉出售。更為無良和殘忍的一種做法，是在牲畜屠宰前10多小時，將大量的水灌注到牲畜體內以提升牠們的重量。由於這些水往往含有大量細菌和其他雜質，食用這些「灌水肉」(plumped meat) 會嚴重損害我們的健康。

　　另一種具爭議的物質，是為了提升牲畜的瘦肉成分而添加到飼料中的「瘦肉精」。其中一種最常用的叫萊克多巴胺 (ractopamine)，已被包括中國在內的160多個國家所禁用，但美國、日本、南韓、紐西蘭等國卻認為對人體無害而准許使用。2021年底，台灣便對應否入口美國的「萊豬」(含有萊克多巴胺的豬肉) 作出公投 (referendum)，而結果是贊成入口。

　　2022年1月，香港消費者委員會對市面出售的各式肉丸進行檢驗，結果發現六成牛肉丸樣本含有豬或雞的基因，七成墨魚丸含有 (甚至只有) 魷魚的基因。而所有檢測的龍蝦丸樣本，均檢不出龍蝦

所屬的甲殼類動物基因。(留意回教徒不吃豬肉,如果無意中吃了含有豬肉的牛肉丸,會令他們違反教規。)

此外,所有肉丸皆屬高鈉食物,其中以魚蛋為甚。一碗有5粒魚蛋的粉麵,單是魚蛋的鈉含量,已超出世衛建議每日攝取量上限的40%。不少肉丸更含有損害健康的重金屬,其中一款魚蛋所含的水銀量,只要一星期吃29粒即會超標。

食物安全 (food safety) 是一個非常龐大也對任何人都非常切身的問題,完善的食物成分標示法例 (food labelling law) 是處理這個問題的第一步。但在巨利的引誘下,總會有不法商人以身試法,所以不懈的檢查、監測及至檢控仍是必不可少。對於監控部門來說,曾經害人不淺的假酒 (甲醇)、「毒奶粉」、「地溝油」、「一滴香」等「黑心食物」都是慘痛的教訓。

88

全球暖化
會導致糧荒嗎？

全球暖化
會導致糧荒嗎？

今天環繞著我們的「美食天堂」還可以持續多久？看畢上述的章節，大家是否對「永遠」這個答案心生疑問？

天氣的異變

現代糧食生產模式不可持續這個問題已經引起了不少學者的關注。最令人憂慮的，是我們迄今未有談及的一個因素：全球暖化 (*global warming*) 和由此引發的氣候變遷 (*climate change*) 和生態環境變異 (*ecological disruption*) 所造成的影響。

科學家的研究告訴我們，人類自工業革命以來大量燃燒煤、石油、天然氣等化石燃料，所釋放的巨量二氧化碳已經透過「溫室效應」(*greenhouse effect*) 令地球的平均溫度不斷攀升。自19世紀中葉以來，這個溫度已經上升了近1.3度。

不要少看這個升幅，因為我們說的不是日、夜間的溫差或季節性的溫差，而是地球全年的平均溫度。過去這個升幅已經明顯地導致各地的夏天愈來愈長也愈熱，冬天則愈來愈短也愈暖，結果是生態平衡受到嚴重干擾。

另一方面，全球暖化也帶來了更頻密的極端天氣（*extreme weather events*），包括殺人的熱浪、沖天的山林大火、持續的大旱、滔天的洪水、嚴寒的大風雪、破壞力愈來愈強大的超級風暴（*superstorms*）等。筆者執筆期間的2021年12月中，美國的超級龍捲風便奪去了百多人的性命。已近隆冬還會出現如此猛烈的龍捲風，這在過去是聞所未聞；同一時間，一個超級颱風橫掃菲律賓並進入南海。颱風季節延長已是不爭的事實。

農作物的大敵湧現！

不錯，隨著炎熱的天氣不斷從赤道向兩極的方向伸延，以往不宜耕種的溫寒帶地區（如西伯利亞和加拿大北部），有可能變得適合種植。但我們不要忘記，在球形的地球表面，同樣是30弧度的緯度跨度，所包括的面積會大為不同。具體來說，如果大家找來一個地球儀，你便會看出從赤道延伸至北緯30度所包含的面積，實較從北緯30度延伸至60度的面積大很多（南半球的情

況也一樣）。也就是說，高緯度地區變暖而導致的耕地增加，將遠遠不及低緯度（即熱帶和亞熱帶）因高溫所帶來的農業損失。

敵人 1：高溫

也許你會說，植物進行光合作不是需要二氧化碳嗎？那麼大氣層中的二氧化碳水平增加，不是應該有利於莊稼的生長嗎？這在原則上沒有錯，但科學家的研究顯示，只要氣溫上升超過某一限度，這種「增產效應」(fertilization effect) 將會被「高溫損耗」(heat stress) 帶來的影響所掩蓋。

敵人 2：害蟲

極端的高溫天氣已經有損農作物的生長，但氣候帶 (climatic zones) 遷移帶來的蟲害可能更為嚴重。再引用上述的例子，假設一些害蟲和疾病原本只會在赤道至 25 度之內肆虐，但隨著熱帶氣候擴展，它們可以延伸至 30 度、40 度甚至 50 度的區域。由於當地的農作物對這些侵害缺乏免疫力，一旦害蟲或瘟疫爆發，那兒的農業將會受到毀滅性的影響。

蝗蟲會成群出沒，數量驚人，可在短時間內吞噬植物。

農民最害怕的害蟲之一是蝗蟲。鋪天蓋地的蝗蟲可以在頃刻間把莊稼吃清光。人類對蝗蟲的控制在20世紀本已甚有成效，但2018年東非蝗蟲成災，更曾一度蔓延至印度和巴基斯坦。雖然牠們最後未有造成太大的破壞便消散，但一些專家擔心這只是未來類似災難的一次預演。

敵人3：暴雨

全球升溫令江河湖泊和海洋的蒸發量增加，大氣層中的水汽含量自然也會增加，而各地的降雨量也會因而上升。這對農業好像是好消息，起碼不會帶來旱災的消息。但研究顯示，暖化導致的氣候變遷會令降雨在空間上和時間上的分布出現異常。在空間上，每每是應下雨的地方不下，不應下雨的地方則大雨滂沱；在時間上，是應下雨的時候不下（如農作物生長時），不應下雨的時候（如收割時）則豪雨連場。

要留意的是，同樣的雨量分3天降下，與在3小時之內降下，影響絕不相同。暴雨不但會導致水浸把莊稼淹死，也會導致嚴重的水土流失（soil erosion），令寶貴的土壤層變得愈來愈薄。此外，在暴雨下，水分往往未有機會滲透至泥土的深層便已流走，以致一些植物的根部無法獲得足夠的水分滋養。

圖中是暴雨過後粟米田失收的情況。

敵人４：旱災

上文曾經指出，全球暖化導致的氣候變遷，不單包括高溫的熱浪，也包括凜冽的雪災。同樣地，異常的降雨量不但會導致暴雨成災，也會導致持續性的大旱。

不用說，大旱會為農業帶來毀滅性的打擊。近年來，美國西部不斷出現旱情。專家指出，在氣候變遷之下，大旱會成為那兒的「新常態」，從而為當地農業帶來厄運。

我們之前提過，「綠色革命」下的現代農業，非常依賴人工灌溉。再以美國西部為例，源自洛磯山脈（Rocky Mountains）並

穿越多個州分的科羅拉多河（Colorado River）是西部農業的重要水源。然而，由於過度抽取，也由於高山冰雪的不斷消減，這條河流正在迅速枯竭。

在2020年時，科羅拉多河的流量與上個世紀相比已經減少了20%，使美國著名自然景點馬蹄灣（Horseshoe Bend）也陷入缺水危機。

　　美國西部的困境，只是全球困局的一個縮影。全球暖化帶來最嚴峻的影響，是淡水資源短缺。

　　要知全世界的主要河流，皆源自終年積雪的高山。在亞洲，青藏高原上的喜馬拉雅山脈（Himalayas），是黃河、長江、湄公河、恆河、印度河等10多條主要河流的發源地。高山上的冰川，便等於這些河流的「儲水塔」。然而，隨著全球暖化，這些冰川正不斷融化縮減。科學家警告這種趨勢繼續下去，不到本世紀下

半葉，數以億萬計人賴以為生的這些河流會逐漸枯乾，這固然會對農業造成致命打擊，更會威脅到無數人的基本生存條件。

另一項令人憂慮的趨勢，是地下水資源的枯竭。現代人習慣了自來水供應，多會以為井水是一種古代的浪漫。事實是，地層中的天然儲水層 (underground aquifers) 仍然是今天不少農業灌溉及至城市飲用水的重要來源。澳洲的「大自流盆地」(Great Artesian Basin) 是一個最佳的例子。

在中國北京，因為要應付人口和經濟增長的需求，市政府被迫大量抽用地下水作飲用。結果自1999至2015年間，地下水的水位下降了近14米之多。及後因為實施了「南水北調」的措施，情況才得以緩和。

世界上很多大城市和農田都依賴地下水的供應，但在不少地方，地下水被抽取的速率，已經超出了大自然可以補充的速度，這當然又是一種「殺雞取卵」的情況。這些地下水庫一旦枯乾，後果將會十分嚴重。

聚焦工程

紙上談「冰」? 拯救冰川消融的工程

面對冰川消融的災難,科學家不斷提出各種方法來力挽狂瀾。其中一個大膽的建議是建造一面巨大的水底屏障,以防止溫暖的海水令南極冰川的底部融化。在科學家的模擬實驗中,當冰川開始崩塌時,即使只是固定住冰塊,不讓它掉入溫暖的海水中,我們仍然有機會拯救冰川。

當然,模擬一項工程相對容易,實際操作起來卻困難得多。這面屏障將跨越南極洲西部的思韋茨冰川 (Thwaites Glacier),全長約120公里,深約600米,是人類建造過最龐大的工程之一。假如處理不當的話,更有可能將溫水轉移,加速鄰近地區的冰川融化。因此,目前這項計劃仍是紙上談兵。

前途堪憂的糧食未來

　　從高溫天氣、極端天氣、淡水資源和蟲害等角度，一眾學者對未來的糧食生產都不敢樂觀。在陸上，還要考慮的是磷礦耗盡的可能性，學術上稱為「磷產峰」(Peak Phosphorus)；在海洋，還要考慮的是大量二氧化碳溶到海裡所引起的海洋酸化 (ocean acidification)。由於不少海洋生物的甲殼乃由碳酸鈣 (calcium carbonate) 所造成，而酸性增加會妨礙甲殼形成，所以不斷酸化的海洋是一個令人憂慮的生態危機。

　　事情已經十分清楚，展望未來數十年，全球糧食從供應充足到出現大規模短缺並非沒有可能。為了防範於未然，我們必須及早採取行動，扭轉現今各種不可持續的發展趨勢。

12

「第二次綠色革命」：
基因改造大辯論

「第二次綠色革命」：基因改造大辯論

「扮演上帝」的基因魔術師

大家有見過在黑暗中發光的貓和兔子嗎？你可能以為，這些都是在童話才會出現的事物。但讓我告訴你，牠們千真萬確存在，只不過牠們並非大自然的產物，而是科學家透過「基因工程」(genetic engineering) 在實驗中培育出來的。

人類在上世紀初確立了「遺傳基因」(gene) 這個概念，並於 1953 年發現了組成基因的「脫氧核醣核酸」(deoxy ribonuclear acid，簡稱 DNA) 的「雙螺旋結構」(double helix structure)，從而破解了「種瓜得瓜、種豆得豆」這個千古之謎。大半個世紀以來，科學家已經從深入了解基因的運作，進而發展至改動基因的排列，包括剔除一些原有的基因，以及植入一些外來 (包括屬於另一物種) 的基因。

這些改動雖然要利用電子顯微鏡並透過極其精密的儀器進行，但它們的宏觀效果卻十分顯著。上述的發光動物便是一個例子，其餘還有令果蠅（fruit fly，學名 Drosophilia）——的腳生到頭上，或觸鬚從口中生出來。

果蠅是遺傳實驗中最常用到的一種昆蟲。

看到這兒大家是否感到有點不安？不錯，遺傳（heredity）是決定我們人之所以為人、貓之所以為貓或玫瑰之所以為玫瑰的關鍵因素。改變遺傳特性便等於改變我們的根本性質。由此出發，不少人對基因工程（又稱遺傳工程）從一開始便感到恐懼和抗拒。一些人更從宗教或道德的角度，認為我們妄圖「扮演上帝」的話，終會玩火自焚。

可是另一方面，自從1萬多年前的農業革命，人類不斷透過

雜交配種（cross-breeding）而培養出各種不同的動物和植物品種，某一意義上已經在進行遺傳工程。請想一想，我們將野狼變成貴婦狗、臘腸狗和老虎狗；鯽魚變成各種稀奇古怪的突眼金魚；以及將馬和驢交配而培育出不能繁殖下一代的騾，不是已經在「扮演上帝」了嗎？

　　原則上的確如此。但大半世紀以來，人類對遺傳基因的直接干預和改造能力，確實遠遠超越過去1萬年的水平。正因如此，有關「遺傳工程」的大辯論，自上世紀70年代「重組脫氧核醣核酸」（recombinant DNA）技術發展以來，至今尚未平息。而其中與我們日常生活關係最大的，是關於「基因改造食物」（genetically modified food，簡稱 GM food；另外又稱「轉基因作物」transgenic crops 或「基因改造有機體」genetically-modified organisms，簡稱GMO）的大辯論。

基因辯論大對決！

反對「基因改造生物」運動的主要論點是：

- 基因改造作物會導致更大規模的「單一種植」模式，從而減低人類農作物的生物多樣性（biodiversity），增加天災造成全面失收的風險；

- 基因改造生物有機會造成「基因污染」而擾亂自然生態的平衡，特別當牠們從特定的田野範圍外泄至周遭的自然環境並和其他的品種雜交；牠們也很可能成為「入侵性物種」(invasive species) 而排擠甚至淘汰其他類似的自然品種，一些河流中的魚類正面臨這種情況；

歐洲鯉魚在19世紀被引進澳洲，因鯉魚繁殖量大，且適應力強，很快就佔據了美利—達令流域河魚物種的90%。為了控制這外來入侵魚種，科學家修改歐洲鯉魚的基因，使牠們只能誕下雄性後代，這就是澳洲採取的「無子女鯉魚計劃」。

- 由於不少基因改造作物被設計成「耐除草劑」和「耐除蟲劑」，這會鼓勵人們使用更多這些有毒物質，結果是土地毒化嚴重，更會導致「超級野草」(supe-weed) 和「超級害蟲」(super-bug) 的出現，進而出現惡性循環；

- 由於證據都只是來自短期研究，基因改造食物對人類健康的長遠影響仍是個未知之數；如果某些特殊基因透過進食和「基因流動」(gene flow) 而進入人體，便可能對我們的健康構成嚴重威脅；按照「以防不測原則」(precautionary principle)，我們輕率地大推這種食物實屬不智；

- 如果監管和標籤制度不夠完善，一些本來不會引致過敏反應甚至死亡的食物便可能帶有敏感源；一個實際的例子是一種大豆曾經被植入可以引起過敏反應的巴西堅果基因，幸好事情及早被發現，否則對堅果 (如花生) 有過敏症的人不慎吃了，便會出現嚴重情況；

- 由於基因改造作物的專利權由少數的跨國農產巨企所壟斷，世界上愈來愈多農民，將要依賴這些利潤掛帥巨企所提供的種子和各種服務；事實上，一些農民便因為違反了合約條款而被巨企告上法庭；不用說，曾經惡名昭彰的「自殺種子」(請參閱 07〈農業巨企——食物背後隱藏的龐大勢力〉) 更令人對這種發展深感不安；

- 不少人說「基改革命」可以解決世界的糧食問題，但回顧過去數十年的歷史，瀕於饑餓的世界人口是增加了而不是減少了；這說明饑餓不獨是糧食生產的問題，更重要是一個社會／國際制度中的分配公義問題。

贊成「基因改造生物」運動的主要論點是：

- 人類過去萬多年來已經在進行「遺傳工程」，今天的基因改造技術只是將這種做法變得更精準更有效罷了；

- 基因改造可以大大提升農作物的產量，也可以讓農作物含有各種更豐富的營養，所以在對抗饑餓的戰線上是強而有力的武器；抗拒基因改造作物會令大量生活原本可以得到改善的第三世界人民繼續捱餓甚至死亡，是一種有違道德不負責任的行為；

- 由於不少基因改造作物可以更好地抵抗野草和害蟲的入侵，所以農民能夠減少使用除草劑和殺蟲劑；研究顯示，不少地方因為改種了這些新品種，過去數十年的除草劑和殺蟲劑使用量已經大幅下降；

- 就有損人類健康而言，雖然傳媒不斷渲染這種可能性，但迄今未有因為進食這些食物而影響健康的任何案例，而原先擔心的「基因流動」亦沒有在人體中出現。

環繞身邊的基因改造工程

看過雙方各執一詞的辯論，大家認為孰是孰非呢？但在作出決定之前，不如先讓我們看看基因改造作物 / 食物在現實世界的

發展情況。

1992年，中國首先種植一種可以抗「黃瓜花葉病毒」的「基改」烟草，成為世界上第一個從事基因改造作物商業種植的國家。

在西方，最先被推出市場的基因改造食物是1994年由卡基公司 (Calgene，後來被孟山都收購) 所培育的一種番茄。這種番茄的特性是慢熟，所以不易腐壞。但不久，輿論開始對基因改造食物提出大量質疑，消費者對這種食物戒心大增，令有關的商業營運以失敗告終。

然而，基因改造技術並沒有因此停止。過去近30年，抗蟲害的棉花和粟米、抗除草劑的大豆和油菜，以及各種改良的水果如木瓜、菠蘿、香蕉、蘋果等數十種基改作物先後獲各國的政府批准並推出市場。2018年的一項統計顯示，全球種植的大豆 (黃豆)、棉花和粟米，已經有95%以上屬基因改造品種。也就是說，我們今天要吃沒有基因改造成分的粟米和豆腐花 (由大豆製造) 已幾乎是不可能的事。在香港能夠買到的木瓜也是一樣。無論我們喜歡與否，人類已經進入了「基改農業」的時代。

以上是以植物而言。在進食基因改造的肉類而言，人們的戒心還是比較大。最先獲批進入市場的食用動物，是2015

年推出的基因改造鮭魚，品種是最受歡迎的帝王鮭 (Chinook salmon)。不過，雖然業界在過去數十年已經培養出各種「轉基因牲畜」(transgenic livestock) 包括牛、豬、羊、雞等，但在筆者執筆此刻，牠們仍然未有獲得商業銷售的批准。但另一方面，世上絕大部分牲畜已經在進食轉基因的飼料。

基因食物加標籤　吃與不吃自己選

迄今為止，各國對基因改造食物的監管程度差異頗大，其中以歐盟的國家最嚴格。一項最基本卻仍然富於爭議的監管措施，是規定所有基因改造食物必須帶有標籤，讓消費者可以識辨和抉擇。這看起來十分簡單，但執行起來卻頗為複雜，因為一些食物（特別是加工食物）可以包含多種成分，而其間的基因改造成分可以有很大差異，而所謂「基因改造」可以包括引入異種生物的基因、引入近種生物的基因，或只是改變原有的基因結構。

全球現時已有60多個國家訂立了標籤法，其中包括了中國。至於香港特別行政區，採用的是「自願性標籤制度」而非「強制性標籤制度」。一直以來，美國因為未有訂立標籤法而被人詬病。終於，本書撰寫期間的2022年1月1日，美國政府也順應民意推出了有關的法例。

標籤只是最基本的一步，不少人指出更重要的監管，是決定某種基因改造食物是否適合食用的科學檢測和行政審批過程，以及這些過程是否足夠嚴謹和客觀。在這方面，既存在著某些財雄勢大的農產巨企暗中影響甚至操弄的問題，也存在著某些環保團體盲目激烈反對甚至破壞的行為。也就是說，「基改食物大辯論」是一個龐大又複雜之極的問題，但這個普羅大眾難以掌握的辯題，卻恰恰與我們的日常生活息息相關。

聚焦工程
基因編輯食物的未來

基因改造食物自上世紀90年代推出以來，一直有人質疑是否安全食用。後來基因編輯技術CRISPR的出現，令業界相信這種「未來食物」能在技術和監管上有新突破。可惜數年前歐洲法院裁定，基因編輯食物仍然需要如基因改造食物一般接受嚴密監管。

首先，我們得了解甚麼是基因編輯。基因編輯與之前提及基因改造和雜交配種都不同，因為這並不涉及另一生物品種。它的操作方式是利用生物技術，將動物或植物體內特定功能的基因片段剪掉，人工地改良品種。

而基因編輯技術CRISPR，是2012年生物學家杜德納 (Jennifer Doudna) 和夏本惕爾 (Emmanuel Charpentier) 發現細菌有一種名

為CRISPR的防衛機制，原理是細菌在第二次遭受同樣的病毒感染時，會從上一次遭受攻擊的DNA片段記憶來比對，若發現病毒是敵人，就會立刻進行DNA的割裂，阻止病毒複製。而基因編輯技術CRISPR就是利用這機制，配合Cas9蛋白，在割裂的地方貼上期望修復的基因片段。

有科學家認為這種技術為食物帶來不少好處，例如可增加農作物的特定營養、改善顏色、改良口味、延長保存限期、增加收成、延長供應的季節，還可增加農作物對疾病的抵抗力，因而減少使用殺蟲劑和除草劑。更重要一點，是基因編輯的技術有可能讓農作物逐步適應氣候轉變。

以白蘑菇為例，只要存放一段時間，就會如下圖般自然褐化變啡，於是美國有科學家編輯了白蘑菇的基因，阻止這種情況發生，以延長存放期限，並減少在收成和運輸期間出現損傷。

不過，這種技術雖然沒有植入外來基因，但用作基因編輯的Cas9蛋白卻是由細菌而來，不屬天然物，所以此做法仍然惹來爭議。看來要讓基因編輯食物普及，仍得花一段時間。

「黃金大米」之爭

21世紀伊始，科學家培育出一種名叫「黃金大米」(Golden Rice) 的基因改造品種，它的特色是比傳統大米擁有豐富得多的維生素A (vitamin A)。要知在很多以米為主糧的第三世界國家，缺乏維生素A是導致營養不良、疾病甚至死亡 (其中不少是兒童) 的主因之一。但從一開始，是否應該將這個品種大規模普及即引起了激烈的爭論。

2013年8月，國際環保團體「綠色和平」(Greenpeace) 在菲律賓正在試種黃金大米的一塊試驗田上大肆破壞。2016年，158位獲得諾貝爾獎的科學家發表了一封聯署的公開信，強烈呼籲「綠色和平」停止針對黃金大米的負面宣傳，因為他們擔心一些第三世界國家的政府或市民會因此而抗拒黃金大米，這會對無數貧窮國家中的人 (特別是兒童) 造成巨大的傷害。

現在讓我們回到基因改造作物的科學概念之上。這些作物大致上可以分為三個「世代」(generation)：

- **第一代：**重點在於提升農作物抵抗蟲害，以及不受除草劑損害的能力；也包括延遲成熟 (delayed ripening) 的特性以方便運輸等；

- **第二代：**重點在於提升農作物的產量、品質和營養價值（黃金大米是個好例子），也包括減低某些食物的致敏性（allergenicity）；

- **第三代：**重點在於培育一些能夠產生特殊藥用價值成分的作物，這些成分包括疫苗（vaccines）、抗體（antibodies）和各種可以改善健康的質白質等；也包括可以製造工業物料的品種，例如「生物可降解」（biodegrable）的橡膠／塑料，以及可以作為「生質燃料」（biofuel）的品種。

　　按照這個發展，可以看出「基改革命」的潛質巨大而前景非常廣闊，所以有人稱之為「第二次綠色革命」。

　　的確，世界饑餓的主因仍是「不患寡而患不均」，但這並不表示我們應該放棄基因工程這個強而有力的工具。另一方面，我們亦不能掉以輕心，必須對潛在的風險不斷作出評估，在法例上加強監管，並要求企業進行田野實驗時提升透明度。

　　回顧前面章節所帶出的種種問題，特別是面對氣候災變所帶來的嚴峻挑戰，能夠培養出更為耐熱、抗旱和抗蟲害的農作物品種已經成為了當務之急。讓我們好好運用這種奇妙的新科技，幫助我們渡過未來的難關。

食物科技巡禮

88

食物科技巡禮
顛覆思維的動物「科技」

　　進食後消化是常識，但消化後才進食呢？這聽來頗為噁心，但原來大部分昆蟲及蜘蛛確會採取後一種攝食方式。牠們會在被捕的獵物身上吐上強力的消化液，然後待獵物被部分分解後，才吮吸所形成的濃稠液汁。誠然，牠們也會嚼食獵物的固體部分，然後在體內慢慢消化，但「體外消化」的模式，確實顛覆了我們對進食和消化的認識。

　　「體外消化」當然算不上甚麼「食物科技」，但蜜蜂採集花蜜然後製造蜜糖以餵飼幼蜂，則帶有一點「生物科技」的味道。更令人驚訝的是，同樣是一隻幼蜂，如果被餵食普通的蜜糖便會成為一隻普通的蜜蜂，

蜂皇漿由工蜂分泌，是用來餵食蜂后的食物。

但假如被餵飼的是特別炮製的「蜂皇漿」(royal jelly)，則會發育成為一隻體型大得多也長壽得多的「蜂后」。其間究竟涉及了甚麼原理，是「表徵遺傳學」(epigenetics)中一個重大的研究課題。

但如果我們將「科技」(technology)理解為「身體以外的能力延伸方法」，則上述的(以及植物透過光合作用製造食物)都算不上科技。按照這個定義，「食物科技」是人類的「專利」。

食物科技 1：發酵

最早也最重要的一項科技，當然是本書很早便提到的以火煮食。稍後我們會看到，除了傳統的燒烤、煨、炒、焓、蒸、炆、燉、焗等烹調方法外，過去數十年人類還發明了其他新穎的烹調方法。但在此之前，讓我們先看看一種不需用火的食物科技。

首先請大家想想：麵包、芝士、酸乳酪、啤酒、威士忌、紅茶、腐乳、豉油、蠔油、泡菜等食物有甚麼共通之處呢？

表面看來，這些食物和飲料好像風馬牛不相及，但稍為熟悉生物化學的人會看出，這些食物的生產都必須透過一個重要的化學過程，這個過程我們稱為「發酵」(fermentation)。

人類在生活上利用發酵這種作用，少說也有過萬年的歷史。

而最先產生的，便是好像上述的「啤酒」和「威士忌」等酒類。

世界各地的民族都先後懂得釀酒，雖然得出的酒類各有不同（既因為具體程序不同，亦因為採用的原材料有異），但都利用了發酵這種原理。按照科學家的推斷，這種「利用」大多來自意外的發現：由於採集得來的水果一時間吃不完，居於洞穴的人類祖先遂把多餘的水果放於洞穴的某處。假如時間久了而又環境合適，一些被遺忘的水果便可能在腐爛之後出現發酵，從而形成最初的酒——如果是葡萄，形成的就是紅酒。不用說，自從意外地「製造」了這種奇妙的飲料後，人類便與酒結下了不解之緣。

同樣地，一些食品如中國的豉油、腐乳和外國的芝士和酸乳酪等，最初都可能是意外地製造出來的。但很快地，世界各地不少民族都掌握了發酵的技術，並將它不斷改進而創造出更多花樣百出的食品。

直至19世紀中葉，人們都以為發酵僅僅是物質腐壞所出現的一種化學反應。糾正這個觀點的，是著名法國化學家路易斯·巴斯德 (Louis Pasteur)。他於1857年發表的論文中指出，發酵之所以出現，是因為微生物 (microbes) 對生物物質所起的分解作用。由於這種作用多在缺氧的情況下出現，所以巴氏將發酵稱

為「無氧的呼吸」。

　　往後的研究顯示，巴氏這個稱謂並不完全正確，這是因為一些微生物如酵母菌（yeast），即使在有氧的情況下也會選擇進行「發酵」而非「有氧呼吸」的反應。一般麵包的製造，正是有賴這些酵母菌類作用。（筆者說「一般」，是因為有些民族——如猶太人——會刻意製造沒有發酵的「無酵餅」unleavened bread 以作宗教祭祀用途。）

　　那麼發酵究竟是一種甚麼反應呢？原來其間涉及的化學反應可以十分複雜，否則也不能做出多姿多采的不同食物，但最基本的反應是「醣酵解」（glycolysis），就是在微生物所分泌的酵素（enzymes）作用下，醣類（碳水化合物）被轉化為「醇類」（酒精）、二氧化碳和能量的過程。

　　巴斯德的研究顯示，奶類會慢慢變酸，以及食物放得久了會變壞，往往都是因為發酵在作怪，而只要我們先用高溫把細菌（bacteria）和酵母菌等微生物殺掉然後再密封，食物便可以長久地保存。他倡議的這種殺菌方法，後人稱「巴斯德消毒法」（pasteurization），下次大家喝鮮奶時，請看看盒子上的字樣，因為之上必然印著 pasteurization 這個英文字。

圖解芝士的生產過程

除了牛奶外，奶類製品如芝士也需要經過「巴斯德消毒法」。現在來看看我們常常食用的芝士是如何製造出來：

❷ 從乳牛身上擠奶

❶ 牧場飼養乳牛

❸ 生奶 (raw milk)
現在的牛奶還未經任何消毒。

❹ 巴斯德消毒法
以攝氏72至75度將牛奶加熱，然後冷卻，以消除致病的細菌。

❼ 碾磨

❻ 發酵
把固態部分發酵。

❺ 凝結
加入凝乳酶，讓牛奶分成固態和液態兩部分。

❽ 入模

❾ 重壓

⑪ 熟成
不同種類的芝士熟成期各有不同，由幾天到數年不等。

⑩ 成型

⑫ 完成

食物科技 2：罐頭食物

　　有趣的是，罐頭食物的發明要比巴斯德的「細菌學說」早數十年。話說19世紀初，拿破崙的軍隊東征西討，但糧食供應往往因為食物腐爛而不繼。法國政府於是提出獎賞，誰人能夠發明一個長久保持食物不壞的方法，可以獲頒12,000法郎。結果，一位名叫尼古拉‧阿佩爾 (Nicolas Appert) 的釀酒師發明了將食物徹底密閉然後加熱的方法，並在審核後取得這項獎金。他最初用的器皿是玻璃瓶，但因玻璃易碎，後來的人改用不會生鏽的金屬錫 (tin)。於是，我們所熟悉的「罐頭」(罐裝食物) 誕生了。

　　罐頭的製造過程可以是先密封後加熱，或是先加熱後密封。只要過程嚴謹，兩種方法也可達到長久不壞的效果。有多長久？1974年，人們從美國密蘇利河打撈起一艘沉沒於1865年的貨船，並在船上找到一些完好的罐頭。經化驗後，證實即使經過了109年，裡面的食物仍然未有受細菌感染。

食物科技 3：冷藏食品

　　由於絕大部分細菌於攝氏70度左右便會死亡，加熱至這個溫度已經可以殺菌。另一方面，只要溫度保持在攝氏5度以下，

絕大部分細菌都會停止增長。也就是說,只要食物最初的含菌量不高,冷藏 (refrigeration) 也是一種保存食物新鮮的方法。

中國在清朝已有記載,宮廷每年藏有冰塊數萬塊。雖然也會用作保鮮食物,但主要其實是製作消暑的食物和飲品。

食物科技 4:醃製食品

然而在古代,除了長期住在冰天雪地的少數民族,以冷藏保存食物並不實際。長久以來,人類防止食物腐壞的主要方法是用鹽醃 (salting,又稱鹽漬),因為細菌無法在極高鹹度 (salinity) 的環境下生存,而「鹹料」便成為了各個民族食譜的一部分。中國的鹹魚、火腿、鹹蛋等便是很好的例子。另外一些較獨特的方法包括用石灰 (lime) 封存製成的「皮蛋」,以及用醃製加「煙燻」(smoking) 所製造的煙肉 (bacon) 等。

要留意的是，世界衛生組織已把香腸、火腿、煙肉等醃製肉類列為致癌食品。雖然風險只是吸煙的十分之一左右，但我們也不應長期和大量進食。

食物科技5：風乾食品

由於陽光中的紫外線 (ultra-violet radiation) 有殺菌作用，而細菌的滋長亦必須有水分，所以另外一種保存食物方法是風乾和日曬。我國五光十色的「海味」如瑤柱、蠔豉、蝦米等就是這樣製成的。市面上的醃製食品五花百門，除了常見的鹽醃外，不同地區還會用糖、醋或醬油等來醃漬食物。

製冷技術的魔法

　　自從製冷技術在19世紀末不斷發展以來，以上的方法都已經被一一取代。我們今天仍然吃到鹹魚、臘鴨、煙肉、鹹蛋、皮蛋等，原因不是為了食物保存，而是因為我們愛上了這些味道。

　　製冷技術可說上一種「以熱製冷」的「魔術」。為甚麼這樣說？原來製冷的原理，是液體轉變成氣體時會帶走大量熱能，稱為「氣化潛熱」(latent heat of vaporisation)，而製冷機的設計是由機器驅動一種易於揮發的「致冷劑」(refrigerant) 沿著管道循環地流過一些「氣化室」和「冷凝室」，從而達到降溫的效果。（由於「能量不滅定律」，被抽掉的熱能必須透過「散熱裝置」，排放到機器以外的周遭環境中。）

　　方才說「由機器驅動」，自然表示我們要為機器提供動力，而無論這股動力來自較早期的蒸氣機，或是較後期的發電機，它們都要靠燃燒過程 (熱) 獲得能量，燃料可以是柴薪、煤或天然氣。這便是筆者說的「以熱製冷」。聰明的你也許會說，以水力發電驅動的製冷器，不是沒有經過「熱」的階段嗎？但你忘記了，水力的來源其實是太陽能，而太陽是「熱中之熱」。

　　今天，幾乎家家戶戶都擁有一部上述的製冷機，不用說它便是我們家中的電冰箱 (refrigerator，又稱「雪櫃」)。

冷凍技術的發明

一般的電冰箱分為兩格，一格的溫度在5度以下但冰點 (freezing point) 以上，存放的是普遍的食物，包括水果和蔬菜。至於另一格的冷凍室 (freezer，又稱「冰格」)，氣溫一般保持在攝氏零下18度，用以存放未煮熟的肉類和雪糕等。留意蔬菜類一般不能放於冰格，因為菜葉細胞中的水分會結冰膨脹，從而破壞細胞令蔬菜壞死。

冷凍技術的發明，可說是人類懂得用火以來最重要的「食物科技」。在過往，食物的遠程運輸和貿易只限於穀物類，而且存放時間也不能太久。自從冷凍技術發明以來，無論是穀物、肉類還是蔬果，也可飄洋過海運到千里迢迢的彼方。（所謂「千里」早已被現實拋離，今天在香港買到的巴西豬扒和雞翼，跨越的距離接近18,000公里。）

冷凍技術的利與弊

談起「全球化」(globalization) 特別是全球經濟一體化，一般人想到的功臣多會是互聯網和背後的電腦和光纖網絡，很少人會想到另一個重要的功臣——卑微得多的冷凍技術。它的廣泛應用，令糧食生產的國際分工達到了一個空前的地步。20世紀

初，世界上絕大部分的國家都處於糧食自足的狀態。但到了21世紀初，大約只有15%的國家是糧食自足的，其餘國家都必須依賴進口。更具體地說，是先透過製造業、金融業或旅遊業等賺取外匯（即通行世界的美元），然後在國際市場上購買糧食以供國民所用。

從經濟學的角度，這種分工可讓資源運用的效率達至最高，所以是可取的。但從現實的角度，人類最基本的食物需求變得愈來愈受地緣政治穩定性 (geopolitical stability) 的影響，不免令人感到憂慮。

另一方面，從保護環境和對抗全球暖化危機的角度，大量糧食每天由貨船和飛機運載跨越千里（甚至萬里），由此造成的「碳排放」十分驚人；而不斷摧毀亞馬遜森林開闢牧場以滿足世人對優質牛肉的需求，也令人痛心不已。這當然是最先發明以冷凍技術保存食物的人所始料不及。

一些環保團體早已提出，為了抗衡這種趨勢，我們必須引入按照進口食物的「食物里程」(food miles) 和背後的「生態足跡」(ecological footprint) 徵收入口稅。然而，在這個標榜「全球化」和「自由貿易」（亦即零關稅）的時代，這當然極難實行。

超越冷凍的技術

讓我們回到科技的層面，心水清的讀者可能會問：我們方才說蔬果不能放於雪櫃的冰格，為甚麼肉類卻可以呢？原來這兒所指的不是一般的肉類，而是經過「急凍」(flash freezing) 程序處理的「凍肉」(frozen meat)。「急凍」就是在很短的時間內將溫度大幅降低，以致食物細胞中的水分未有機會結成冰晶。「急凍」技術是令我們可用不太貴的價錢買到萬里之外的巴西牛肋條的重要功臣。

但對於注重味道和口感的人，急凍食物和新鮮之間的差異頗大，所以他們寧願多花錢也要選擇新鮮的，例如要買游水的活石斑也不會買便宜得多的急凍石斑。踏進21世紀，這些人有了一個新的選擇，就是「冰鮮肉」(chilled meat)。

甚麼叫「冰鮮肉」呢？原來這是指在嚴格控制的清潔環境下，屠宰後的肉被冷水降溫和風冷，致令肉的溫度在數十分鐘內降至攝氏4度以下（但在冰點以上），然後進行保鮮處理和包裝，並在往後的付運和零售的過程中保持低溫狀態。在香港最普遍吃到的冰鮮肉是冰鮮雞。由於牠比活雞便宜得多但口感遠勝「雪雞」（香

港對長期處於冰點以下的「冷凍雞」的俗稱），所以深受普羅大眾歡迎。

另一種保存食物的方法是「冷凍抽乾」（freeze drying，學名 cryodesiccation），辦法是先急速把食物冷凍，然後將周圍的氣壓降低，令食物中凍結的冰晶昇華（sublimation），即直接由固態變為氣態。 接著我們把氣體抽走並將食物密封，食物便無須冷藏也可保存一段時間。

有些即溶咖啡粉也會採用這種技術，以保留咖啡原有的香氣。

由於這種把水分抽乾的方法會令食物的重量和體積大減，所以最適合用來製造太空人的食物。太空人只要加入水分，便可食到各種食物包括水果和預先烹調好的肉丸、雞髀、牛扒等。其中最引起大眾興趣的是「太空雪糕」（space ice cream）。雖然它們因口感不佳沒有受太空人歡迎，但作為一種代表性太空食品，它們在世界很多大型科學館的小賣部仍然有售。

日新月異的烹調科技

　　除了保存食物的科技外，烹調食物的科技在過去百多年也推陳出新。在以往，無論是何種烹調方法，熱力都只能來自火焰（所謂「明火」煮食）。雖然生火的燃料已經由柴薪、煤炭、燃油（包括酒精）進展為天然氣（主要成分為甲烷的「煤氣」），但自從人類進入電氣時代，我們終於有了不用明火的煮食方法，那便是電熱爐（electric stove）。

　　大家如果曾經在外國（如歐、美、澳、加等地）居住，便知電熱煮食已是主流，反而要在家中安裝一個煤氣煮食爐，則是十分麻煩和昂貴的事情。但中國人要求烹調時火力夠猛夠「鑊氣」，所以即使麻煩也往往要安裝。留意除了爐頭，焗爐（oven）也有電熱和煤氣之分，但由於這主要是西式煮法，中國人多數不會計較。

煮食方法的另一突破，無疑是二次世界大戰後才發明的微波爐 (microwave oven)。這項發明實有賴二戰之時，英國要在黑夜對抗德軍的空襲而發明的「雷達」(radar) 所致。原來科學家發現，除了偵測飛機外，只要把雷達電波的頻率提升 (等於波長減小)，便可令帶有水分的食物加熱甚至煮熟。

　　微波爐之所以能夠煮食，是因為它所產生的微波波長為12.2厘米，而這種波長的輻射能量，剛好會被水分子 (及部分脂肪和糖) 所強烈吸收，結果是水分子被激發產生高溫，從而令食物被加熱煮熟。在一方面，這種像魔術般的加熱方法是煮食科技的一大革命；可是另一方面，由於它不容易達到烤炙煎炸的香脆效果，所以始終沒有受到喜愛烹飪的人歡迎。今天，微波爐大多用於加熱而非真正的烹調。

S 聚焦科學
拆解微波爐的意外

　　我們使用微波爐時，千萬不要疏忽把金屬器具留在爐中。因為叉或錫箔等金屬物體受微波影響會產生電流，能量的積累可能會導致「電弧」(electric arc) 這種放電現象，小則導致微波爐受損，大則引起小型爆炸和火警。

　　金屬在微波爐中冒火花屬意料中事，不可思議的是，網上曾有短片展示兩顆葡萄在微波爐裡擦出火花（危險，切勿模仿）。這危險的意外其實是一種叫做米氏共振 (Mie resonance) 的現象，指的是某些特定形狀、材質的物體在尺寸與電磁波波長相近時，會產生的相互作用。

　　上文提及微波爐的微波波長為 12.2 厘米，這裡是指它在空氣中的波長。但在不同介質中，微波的波長和折射率也不同。它在葡萄果肉（主要是水分）中的波長只有 1.22 厘米，而這個長度剛好與一顆葡萄的直徑相近，符合了米氏共振的條件。當微波被困在葡萄的外皮內不斷反射，形成了電磁場。這時若兩顆葡萄的距離小於一個波長，兩者內部的電磁場就會發生相互作用，電磁場強度大幅增加，最後將空氣中的分子電離，形成電火花。

相片來源：Khimich Alex
圖中是電線之間產生的電弧。

在較傳統的加熱烹調方面，人們也發明了壓力煲（pressure cooker）和真空煲（vacuum cooker）等工具。前者的原理是將食物鎖於高溫和高壓的環境下，所以烹調速度特別快，例如炆牛腩只需要10多分鐘；至於後者，是用真空的隔熱保溫（thermal insulation）原理，令煲內長時間保持高溫，即使關掉了電源，食物仍會在煲內繼續慢慢煮熟。

近年流行的一種烹調工具是「光波爐」。它的正式名稱是「遠紅外線烘烤爐」（far infrared oven）或「鹵素燈管爐」（halogen oven），原理是透過一枝強力的鹵族元素的燈管（halogen lamp）發出遠紅外線（即波長比一般紅外線更長而接近微波波段）的輻射。食物吸收了這些輻射的能量會迅速加熱，而爐內的風扇則會令熱空氣不斷流動，以令加熱效果更為均勻。

比起傳統的焗爐，光波爐的好處是既省電又迅速。比起微波爐，它的好處是能夠做到烘烤的香脆效果。不過，亦正因為這種「乾熱烹調」導致的香脆甚至燒焦的效果，令人們擔心烹調出來的食物可能致癌。醫學研究顯示，燒焦的食物的確含有致癌成分，所以不宜食用，但這種燒焦的結果不獨限於光波爐，我們平時進行燒烤野餐或在家中使用傳統焗爐也會導致同樣結果。只要我們使用光波爐時溫度不要調得過高，烤焗時間也不要太長，烹

調出來的食物是安全的。

最近同樣流行的「氣炸鍋」（air fryer）其實並不是甚麼新科技，因為它的原理跟對流式焗爐（又稱旋風式焗爐）差不多，都是用熱風去烤焗。氣炸鍋上方的加熱器會產生高溫熱風，再藉由對流的方式讓食物被熱空氣包圍，把食物的油脂逼出，使食物猶如「炸」過一樣。相比起對流式焗爐，氣炸鍋容量較小，熱力較集中，油炸的效果更明顯。本身含有油分的食物，即使不加油，也能達到金黃酥脆的程度。不過有些食物油脂不夠，那就需要額外添加食油了。

電磁的烹調革命

踏進21世紀，靜靜起革命的一種烹調方法是電磁爐煮食（induction cooking）。它採用的方法是「電磁感應加熱」（induction heating），背後的原理是「電動磁生、磁動電生」這個基本物理現象。

在古代，人們對磁石的奇妙特性已有所認知，我國更以此發明了最早的指南針。另一方面，人們亦知道事物間的摩擦可以產生靜電（static electricity）。雖然古人對電鰻的震擊和閃電的可怕有深刻的感受，但對於大規模電荷流動所產生的電流（electric current) 現象，卻要到17世紀後才有所掌握。而將前人的實驗總結並帶上另一台階的，無疑是英國物理學家法拉第 (Michael Faraday)。他設計的導電螺旋線圈 (solenoid) 能於通電之後，在線圈內產生穩定的磁場；相反，如果讓導電體在一個穩定磁場中不停地擺動，則會在導體中產生穩定的電流。這便是「電動磁生、磁動電生」的現象。

更為有趣的是，當我們將兩個螺旋線圈並排放在一起，而其間有磁鐵貫通 (如一塊馬蹄形的磁鐵)，則如果一個線圈中有交流電 (alternating current) 通過，所形成的磁場會透過磁鐵令旁邊的線圈也會產生一個不斷變化的磁場，而最後令這個線圈中也出現電場 (electric field) 和電流，我們稱這種電流為「交感電流」(induced current)。

在以往，這個現象主要用於將電壓 (electric voltage) 升高或調低的變壓器 (transformer)，因為假如兩個線圈所繞的圈數不同，便會產生不同的電壓。在這個手提電腦和電話充斥的年代，大家對充電時必須經過這種變壓器 (俗稱「火牛」) 當然十分熟悉。

所謂電磁加熱所用的其實也是同一原理，只是我們現時的興趣不在於改變電壓，而是在於令其中一邊導體的溫度上升。

聚焦科技

電磁爐蘊藏的原理

在設計中，電磁爐的頂部雖然由絕緣體所覆蓋，但之下卻是一個盤旋的銅導管。只要我們把帶磁鐵特性的平底金屬器皿放在其上，那麼在通電之後，銅盤會產生頻率約為20至27kHz (即每秒變動約20,000至27,000次) 的振蕩磁場，而電磁感應作用會令其上的器皿底部也出現交流電場。但由於這個底部的電阻 (resistance) 極大，這個電場會產生大量的渦電流 (eddy currents) 和磁滯損耗 (hysteresis loss)，繼而產生大量熱能，器皿中的食物便是如此被烹煮。

這種煮食方法方便、清潔、安全又節能，可說是煮食科技的大突破。一點兒的限制是器皿必須帶鐵磁性 (即必須是鐵、鎳或鈷等金屬)，所以銅質、鋁質、陶瓷、玻璃等不能用。但人們是聰明的，我們看見一些陶瓷器皿宣稱能用於電磁爐之上，是因為它們的底部包含著厚厚的一塊鐵片。而能供各種材質器皿使用的電陶爐，則是透過灼熱的金屬面板加熱煮食，與電磁爐並不相同。

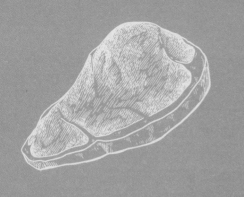

14

顛覆味覺體驗！
素食與人造肉風潮

04

顛覆味覺體驗！
素食與人造肉風潮

主宰生命的人類

在本書第02章〈我們的祖先吃甚麼？〉，我們知道人類是一種「嗜肉的猿」。作為「偉大獵者」和及後的「偉大牧者」，宰吃其他動物被看成天經地義的一回事。

中國人的雜食程度可謂世界聞名，而廣東人更有一句話：「背脊向天皆可食」。西方人雖然雜食程度較低，但猶太教聖經《創世記》第1章即說：「神說，我們要照著我們的形象，按著我們的樣式造人，使他們管理海裡的魚、空中的鳥、地上的牲畜和全地，並地上所爬的一切昆蟲。」這兒表達的觀念是人類作為「萬物之靈」，乃是一切生物的主宰，只要我們喜歡，任何生物也可供人類食用。

然而，古時亦有在進行膜拜和祭祀前「齋戒沐浴」的習慣，

表示人們隱隱覺得不吃肉是一種代表聖潔和虔誠的行為。首次將「不殺生」提升到一個普遍戒律的，是2,500多年前由釋迦牟尼所創立的佛教。但理想歸理想，除了出家的僧人和尼姑外，其餘佛教徒並不一定篤行「素食」(vegetarianism) 的生活習慣。(留意從生物學的角度看，植物也是生物，但「不殺生」的戒律只是針對動物。)

「戒殺生」是一種崇高的理想，但這種理想很大程度上跟我們對動物的觀念有關，更具體地說是我們認為動物是否有擁有「靈性」。

動物只是食物？

在一段很長的時間裡，我們的祖先不但相信可以脫離肉身和不朽的「靈魂」存在，更將人類的意識投射到自然界的各種事物。於是石有石妖，樹有樹精，狐有狐仙，人類學家稱這為「泛靈論」(animism)。

但自從「一元神論」(monothesim) 興起，「泛靈論」被視為民智未開的迷信。在「靈的世界」和「物的世界」的劃分中，屬於前者的便只有神和祂的得意傑作「人」，其他事物雖然也由神所創造，但都被劃入「物的世界」。

在這樣的背景下，有「現代哲學之父」之稱的法國哲學家笛卡兒 (Rene Descartes) 遂提出了著名的「心、物二元論」(mind-body dualism)。笛氏認為，「心」（靈性、靈魂）和「物」是宇宙間兩個截然不同的領域。人的軀體屬於「物」的領域，但他的心靈屬於「心」的領域，所以人是「心與物的混合體」。與此相對，所有死物以及其他的生物都只屬「物」的領域，而跟「心」沾不上邊。

不要以為這只屬學術的討論，因為笛氏將其他生物歸類為「物」，影響實在十分深遠。泛靈論認為差不多所有事物都擁有靈性，但「心物二元」則認為除了人之外，塵世間所有事物都沒有靈性。按照笛氏的觀點，好像豬、牛、羊甚至我們一般認為具有「靈性」的寵物如貓、狗等，本質上只是一些非常精巧的「自動機器」(automaton)。假如我們用利器扎牠們，我們所見到的閃避、流血、嚎啕等反應，統統都只是一些機械性的反應，其間並不涉及任何恐懼和痛楚的主觀感覺。

顯然，這是一個對所有動物都極具傷害的學說，而由這個學說於17世紀被提出至今的數百年，有關的科學研究和哲學思潮，都是不斷否定和駁斥這個學說。

聚焦科學
有趣的鏡子測試

要探知動物的自我意識，研究者常會使用「鏡子測試」(mirror self-recognition test)。這個測試是把動物放在鏡子前面，觀察牠們是否有能力辨別自己在鏡中的影像。

不過，至今通過這個測試的動物少之又少，目前只有倭猩猩、黑猩猩、猩猩、大猩猩、瓶鼻海豚、虎鯨、大象、歐洲喜鵲、部分鳩鴿科物種、螞蟻和裂唇魚通過測試。而一些人們普遍覺得有靈性的動物，如貓、

相片來源：Alex Jordan

狗等反而無法通過。當然，這是因為測試並不適用於那些依賴視覺以外的知覺（如嗅覺）作感知的動物。

當中最有趣的是有魚類通過了測試。測試的方法是把裂唇魚麻醉後再在皮下注射橡膠顏料，然後把牠放在鏡子旁邊。結果牠從鏡子中看到棕色顏料後，做出一些摩擦動作，嘗試清潔自己，把身上的異物除掉。證明裂唇魚知道鏡中的影像是自己，而不是別「魚」。

今天我們知道，意識 (consciousness) 絕不是非此則彼的「全有」或「全無」的對立狀態，而是有眾多不同程度的分別。假設我們將意識的程度以0到10來表達：其中0代表死物的全無意

識；則我們可以用1來代表近乎沒有意識的生命本能反應，如細菌的活動；2代表具有極低程度的意識，如水母或蠕蟲；3代表具有低等程度的意識，如蜜蜂、螞蟻……如此類推，直至8是代表貓與狗的意識程度；9是代表海豚和猿類的意識程度，以及最後10是代表人類所擁有的高等自我意識等等。

人類與動物的恩恩怨怨

創立「生物演化論」(Theory of Biological Evolution) 的科學家達爾文 (Charles Darwin) 曾經說：「對動物的愛護與關懷，是人類一種最高尚和珍貴的情操。」過去百多年來，人類在這方面的進步和「作孽」同樣突出。

先說進步，雖然步伐和程度不一，但世界不少國家都陸續訂立了防止虐待動物的法例。此外，隨著「反對動物活體解剖運動」(Anti-vivisection Movement，實於19世紀末便已開始) 的推展，各國都先後禁止了這類實驗；而以動物作科學甚或商業研究而進行的實驗，如發展新藥和美容技術，亦受到愈來愈嚴格的限制。關鍵的原則是，即使這些實驗無可避免，過程中也要確保將動物所受的痛楚減到最低。

隨著「動物權益」（animal rights）的意識日漸高漲，人們對「娛樂性狩獵」、馬戲團和動物園的運作為動物所帶來的痛苦，也有愈來愈嚴厲的抨擊。結果是，踏進21世紀不久，以動物表演招徠的馬戲團成為了歷史陳跡，而殺人鯨甚至海豚表演亦漸漸在世界各地的海洋公園絕跡。動物園雖然仍然存在，但被囚動物的居住環境也不斷在改善。

既然人類在保護動物方面取得了這麼大的進展，為甚麼筆者又說「作孽」甚深呢？這與過去100年左右的畜牧業急速擴展和運作企業化有關。

隨著世界人口不斷上升和社會的富裕程度增加，人們對肉食的需求急速上升，但飼養牲畜的環境卻每況愈下。（詳情見第96-97頁）

人類的作孽是，一方面全球野生生物的數量正因為人類趕盡殺絕（「經濟發展是硬道理」）而不斷下降；另一方面，受到不人道對待的牲畜數量卻不斷上升。按照最新的估計，人類現時每年為了食用而宰殺的動物（不計漁獲）達到700億頭之多，即等於全球人口的9倍多，而這個數字還在攀升。誠然，也有人提出反駁的論點，就是如果沒有人類培育，這些被殺的動物根本不會存

在於世上。究竟這是否減輕了大量殺生的罪孽，唯有留待作為讀者的你作判斷。

素食主義興起

不錯，「純素主義」（veganism）近年在世界上甚為流行。在人類歷史上，奉行素食主要是宗教原因，但今天卻主要因為：

(1) 追求健康；

(2) 抗拒殺生；

(3) 保護環境，如「少吃牛，救地球」的呼籲。

近年，奉行素食的人有年輕化的趨勢，然而，這個潮流大多出現在經濟發達的國家，相比起超過人類三分之二的發展中國家的基本肉食需求，其影響可說微乎其微。

即使在發達國家，素食至今也未能成為主流。大家可以嘗試推斷：50 年後，即使這個潮流持續，全球的素食人口會佔總人口的百分之幾？百分之十、二十？還是百分之八十、九十？儘管是十分樂觀的人，都難以設想大部分人會在短期內（100 年在歷史上也算十分短暫）放棄食肉。

正因這樣，要減低人類「作孽」，也要阻止畜牧業不斷膨脹導致的生態崩潰（如巴西政府容許企業大幅摧毀亞馬遜森林以作為養牛場），人們提出了兩種建議，一是以「寓禁於徵」的原則徵收「肉食稅」，二是發展「人造肉」。

正如10〈致命美食——加工食品與食物安全〉所提及的「含糖飲料稅」和「脂肪稅」，引入「肉食稅」必然會引起業界強烈抗議，所以成功的機會微乎其微。此外，它亦會引起「如此則只有富人才可吃肉」這個關於社會公義的爭議。

一項沒有爭議的發展是人造肉的普及。人造肉（analogue meat）並非新鮮的事物，中國傳統的齋菜中便有「齋叉燒」、「素鵝」等模仿「葷食」的食物，它們主要為豆類製品。而早於上世紀60、70年代，便有企業嘗試推出以植物製造的「素牛肉乾」、「素豬肉乾」等產品，可惜一直未能被消費者所接受。

人造肉的時代

踏進21世紀，由於環保意識、動物權益和健康意識的高漲，也由於技術的進步，以植物製造的人造肉（plant-based meat）潮流捲土重來，而且較之前成功得多。今天，大家可輕易買到「素豬肉」來吃，在著名的連鎖快餐店更可買到「素牛肉漢堡包」

或「素肉餅煲仔飯」等。一些素食餐館則推出提供這些素肉的自助餐，而且頗受歡迎。

不過，對於一班「無肉不歡」的「食肉獸」，這些替代品始終不能滿足他們的要求。好消息是隨著幹細胞技術 (stem cell technology) 不斷發展，這些人很快會有新的選擇，那便是真正由動物細胞組成，卻不用「殺生」而「培育」出來的肉塊 (lab-grown meat)。

甚麼是幹細胞？原來這是一種好像授精卵 (zygote) 最初期狀況的細胞，它們有潛質分化 (differentiate) 成人體各種不同的細胞類型，但仍未開始分化。這種細胞的特色是可以在生物體外

素肉的賣相愈來愈似真正的肉，但味道和口感仍然有差距。

長時間培養和繁殖，而不似已分化的細胞（如心臟細胞），在生物體外繁殖十數次便會死亡。

近數十年來，幹細胞的技術不斷進步，以至我們根本不需要一隻活生生的牛，即可從一些牛的肌肉細胞培養出一塊牛肉，或者從一些雞的細胞培養出一塊雞肉。這當然是絕不簡單的技術，只要想想在生物體內，這些肌肉皆由中樞神經系統所控制，以及由循環系統的血管網絡供給氧氣和排走廢物，便可知其間涉及的技術是何等複雜。

正因如此，這種「培植肉」最初的成本非常高昂，口感也跟屠宰獲得的肉相差一大截。但展望將來，隨著技術發達，它的品質必會提升而價格逐步下降。至於我們何時才可以在餐廳吃到一塊價錢合理而又幾可亂真的「培育牛扒」，我們還需拭目以待。

面對生態環境崩壞而全球肉食需求卻不斷上升的窘境，人造肉實在是一場「及時雨」，因為它對生態資源的需索和對環境的破壞、污染等，都較傳統的畜牧業低得多。筆者衷心希望，這個趨勢會成為主流，而在不久的將來（本世紀末？），人類不再需要屠宰其他生物以嘗口福之慾。

著名科幻大師克拉克（Arthur C. Clarke）曾經說過：「人類

將來很可能會在太空遇上比他高等得多的智慧生物。他屆時會受到怎樣的待遇，將會取決於人類今天怎樣對待地球上的其他生物。」但願我們能夠聽取他的告誡。

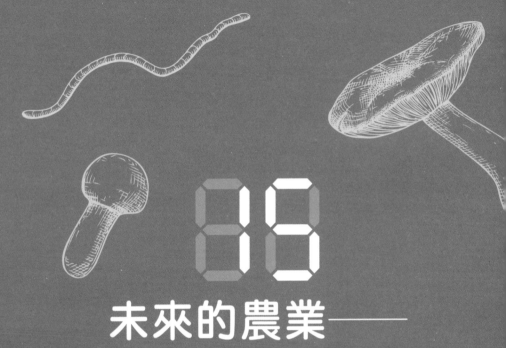

09

未來的農業——
另類食物救星

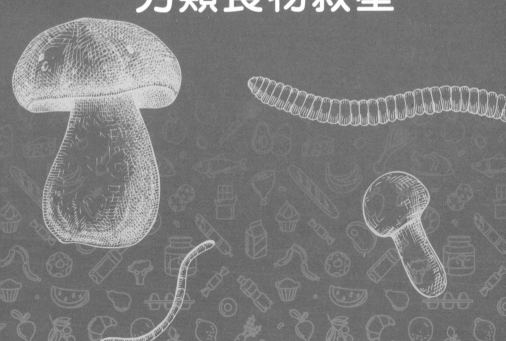

未來的農業——
另類食物救星

來自未來的緊急警報

聯合國的環境專家組先後於 2005 年和 2019 年發表了《千禧生態評估》(*Millennium Ecosystem Assessment*) 和《全球生物多樣性與生態系統服務評估》(*Global Assessment Report on Biodiversity and Ecosystem Services*) 這兩份詳盡的報告書，明確指出除了全球暖化危機之外，人類的活動已經對全球生態環境造成極大的破壞。簡單地說，人類的影響已在多方面超越了地球的「總負荷量」，而惡果會接踵而來。

我們面對的挑戰是，一方面我們要養活將於本世紀內新增的數十億人 (2022 年是 79 億，世紀末的預計是約 110 億)，另一方面我們必須減低糧食生產對生態環境造成的破壞。面對這項看似「不可能的任務」，我們必須發揮最大的創意。今天，我們常常說

年輕人必須敢於創新，又說「創科產業」是未來最大的發展方向，但如果所謂「創意」，只是開發更多錦上添花甚至可有可無的手機應用程式，或是令人更加沉迷的網上遊戲、「電競」和虛擬世界（「元宇宙」）程式，那麼這種創意對人類生死存亡毫無幫助。我們真正需要的，是如何保障人類在糧食生產的豐足和永續發展的創意。

讓我們回到第 1 章介紹的「生態食物金字塔」之上。我們無須唸過熱力學也可看出，從能量獲取的角度而言，我們愈是接近金字塔的底部，能量獲取的效率便愈高。的而且確，我們身體所需的一些高質的動物蛋白質，從金字塔較高的層次可能較易獲得，但素食者 (vegetarians) 的長期實踐告訴我們，只要我們多吃不同種類的植物特別是豆類，仍可獲得身體所需的各種營養。體格強健和身手了得的少林寺武僧就是最好的例子。

別怕！有益的另類食物

既然素食者的食物來自金字塔的底部，若在人類無法短期內全數成為素食者的大前提下，我們就有需要開發一些較接近底部的「另類食物」。這些食物包括：

（1）昆蟲和蠕蟲

人類很早便有食用昆蟲和蠕蟲（後者多是前者的幼蟲）的習慣，例如中國華南地區的人便視棲身於水稻田的禾蟲為美食（多用於蒸蛋）；而北方則視炸草蜢、蝎子等為美食；世界各地不少民族都以螞蟻、蟬、蟋蟀甚至蟑螂為食物。雖然現代都市人多會對吃昆蟲有所抗拒，但只要烹調適當，這些食物其實包含非常豐富的蛋白質、維生素和礦物質。

為了減低畜牧業膨脹對環境不斷破壞，一些人開始嘗試開發「另類蛋白質」的來源而打昆蟲的主意。在西方特別受到關注的，是一種俗稱「麵包蟲」（mealworm）的蠕蟲，牠其實是一種叫黃粉蟲（mealworm beetle，學名 Tenebrio molitor）的甲蟲的幼蟲，是穀倉裡將穀物蛀壞的主要元兇。近年來，牠已普遍被加工作寵物的飼料。

2017年，瑞士首次批准將麵包蟲列入人類的食譜。2021年底，歐盟則批准了讓麵包蟲、蟋蟀和草蜢這三種昆蟲成為人類食物，但建議應該將昆蟲冷乾和研磨成粉末，或加到其他食物之中才出售。人類以昆蟲作食物的潮流自此向前跨出了一大步。

　　如果不久的將來，麵包店推出由「麵包蟲粉末」加麵粉製成的各式「營養麵包」，大家有膽量嘗試嗎？

圖中是可用食用的麵包蟲。

（2）真菌

　　人類食用真菌 (fungus) 也有非常悠久的歷史。中國人喜歡吃的冬菇、西方人喜歡吃的各種蘑菇 (統稱蕈類，mushrooms)，以及價值不菲的黑松露 (black truffle) 和姬松茸 (agaricus) 等都屬於真菌。在生物分類中，真菌既非植物亦非動物，而是自成一個界別。牠的生長有賴現成的有機物質，例如麵包上的霉菌即是。但正正由於牠不進行光合作用又不需依賴陽光，因此特別適合室內培植，從而節省大量耕種面積。比起一般食用植物，真菌往往包含更豐富的蛋白

質，而熱量則較豆類為低，所以是很好的「另類蛋白質」來源。

除了中國某些地方所標榜的「全菇宴」之外，蕈類一般只是作為佐膳的食物。展望將來，只要配合高科技的種植方式，極為節省土地的蕈類種植就可以成為人類一大食物來源。

（3）海帶

相信大家都吃過包裹著壽司和日式飯糰，或是獨立作為零食的紫菜乾。紫菜的前身，是在近岸海邊生長的大型海草，又稱為海帶（kelp）、巨昆布或大型褐藻。人類最先發明的「味精」（化學名稱為穀氨酸鈉，英文是monosodium glutamate，簡稱MSG)，便是由這些海帶提煉出來的。

比起真菌，海帶至今更是大材小用。不少學者認為，海帶所能提供的豐富養分包含蛋白質、維生素和礦物質，按理應該可以成為更重要的食物來源。迄今為止，我們食用的海帶主要是野生採集的。展望將來，我們可以發展出大型的「海帶森林」（kelp forest) 海底養殖場，這更可和魚類及貝殼類生物的養殖合併起來，成為未來的「海底農莊」。

（4）藻類

在生物分類上，海帶屬於褐藻類生物(brown algae)。但我們這兒說的，則是卑微得多的紅藻、藍藻、綠藻等浮游生物(plankton)，其中不少以單細胞的形式存在。而牠們正是在水體「優養化」後造成「藻華」(在海岸則稱「紅潮」)的元兇。牠們大量繁殖更會導致「缺氧」(anoxia)和海洋沙漠化。

但凡事都有正反兩面。一些專家指出，要直達「食物金字塔」的底部，藻類是不二之選。大家也許不知，我們偶然有機會吃到的大菜糕，其材料洋菜膠(agar)便是由藻類提煉而成，顯然這也是大材小用。按照科學家的研究，若以重量計，某些烘乾後的藻類所含的蛋白質，較大豆所含有還要多，其中還包含大豆沒有的氨基酸和維生素。更重要的是，培植牠所需的面積只是種植大豆的10%左右。

如果我們用人類日常生活產生的污水來培植，再以合適的「發光二極管」(即 LED 燈) 取代太陽作為光源，那麼我們便可以在特別設計的多層大廈裡培植藻類以生產糧食。再假設所有能源皆來自太陽能或風能，那麼我們便擁有世上最環保的糧食生產系統。

由於要把藻類變成美味可口的人類食物還得花不少功夫，現時的主要發展方向是用來取代大豆和粟米用作為牲畜的飼料。筆者希

望在不久的將來，我們真的可以直達「食物金字塔」的底部，而人類可直接進食各種由藻類製成的食品。

除了解決糧食問題外，藻類還可能解決困惑著人類多年的一個重大環境問題。原來科學家發現某些藻類會分泌一些「超級酵素」(super-enzyme)，它們可以將塑料逐步分解。眾所周知，不可生物降解 (non-biodegradable) 的塑料近數十來的全球使用量呈現爆炸性增長，已經造成了十分嚴重的環境污染問題。如果我們可以培養出一種以塑料為食物的藻類 (例如透過基因工程的幫助)，便可達到一箭雙雕的效果。

耕種科技新發展

隨著科技不斷進步，不用泥土的「水耕法」(hydroponics) 逐漸普及，而以上提到的多層糧食生產大樓，其實也可以用於各種傳統的農作物，這種構思我們稱為「垂直農耕」(vertical farming)。為了減少運輸上的耗費，這些大樓可以建於大城市之內或其周邊地區，這種構思我們稱為「城市農耕」(urban farming)。就筆者之見，「垂直農耕」和「城市農耕」必然是我們建立「永續農業」甚至將大量土地歸還自然 (即一些學者所提出的「再野生化計劃」re-wilding of nature) 的主要發展方向。

聚焦工程
垂直農耕的運作

　　為了餵飽大部分人類，我們已經用了許多土地來種植糧食和飼養牲畜。若人口持續增加，而農業生產方式仍維持現狀，那麼要養活所有人就必須擴大耕種的土地。然而，哪裡來這麼多土地？

　　在城市興建高樓作垂直農場，就能解決土地問題。因為這種耕種方式是讓農作物在一個個垂直多層的裝置上生長，能夠充分善用空間。而且農場設於室內，種植過程並不受天氣影響，可全年無休生產糧食。加上農作物生長期間，人們可以全程監控環境的溫度、濕度、光線強度等，以種出更優質的蔬菜。

　　與傳統農業相比，垂直農耕的農作物可在受控的環境中生長，又能用較低的水量來耕種。不過，需要較多空間的番茄、粟米、穀類作物等，就不適合在這種層疊結構的裝置中生長，因此目前仍是以種植葉菜類植物為主。

　　然而，上述發展主要針對擁有科技和資金的發達國家和大都市，對於第三世界農村裡的廣大農民而言，我們仍然有必要推動一系列既能提升生產力也儘量減低對環境破壞的農耕技術，其中包括基於高科技應用的「永恆農業」(permaculture，又稱「樸門」)、不翻

土耕種 (no-till farming)、養耕共生 (aquaponics) 等。

　　除了技術外，在政策上如何保護農民的自主性、促進農民的積極性、防止大企業的宰制和壟斷、防止耕地濫用 (如中國的「耕地紅線」制度)、協調城鄉發展之間的關係、監管糧食「期貨」(跨越時間的買賣方式) 的買賣和投機等，都是十分龐大而複雜的問題。但要「未來的農業」能夠好好應付各種巨大的挑戰，這些問題都是不可迴避的。

「永恆農業」是仿效自然界中生態關係的農業系統。

88

糧食自足大辯論

糧食自足大辯論

自給自足的舊日子

如果我告訴大家，香港曾經是一個糧食生產自給自足的地方，你是否以為我在信口開河呢？

可能大家都聽過，香港被割讓給英國之前只是一條小漁村。事實當然比這種簡單的描述有趣得多。歷史學家的研究顯示，除了捕魚外，香港的農業也十分發達，而且有上千年的歷史。誠然，當時的人可能已經在食物方面跟周邊的地區互通有無，但這些貿易應只屬錦上添花。幾乎可以肯定的是，那時候香港的糧食基本上是自給自足的。

在歐洲人於16世紀進行全球殖民擴張之前，以上的分析基本上也適用於世界上絕大部分地方。當然，我們要十分清楚採用的分析單位是甚麼：在小的方面，這個單位可以是村落；在較大的方面，這個單位可以是城邦或王國，而在最大的層面，則是跨越數千里的帝國。

不錯，自從城市興起，市內人民的糧食必須依靠周邊地區供給，一些甚至要依賴遠方的供應，例如羅馬帝國時的羅馬，或是透過「大運河」而獲得糧食的古代中國城市。但不要忘記這些供應即使是透過貿易方式，也是在同一個政治體制中進行的。獨立政治實體即國與國之間的「國際貿易」，主要限於絲綢、茶葉、瓷器、香料、玉石、皮草等錦上添花的物品。要透過「國際貿易」而獲得決定生死存亡的糧食，在古代世界是不可想像的。

共享糧食是進步還是退步？

這種「不可想像」的情況在現今世界卻成為了常規而非例外。這種源於殖民主義和帝國主義的「國際勞動分工」秩序，今天被美其名為全球化下的「共創繁榮」。具體地說，世界上有一小部分國家是全球的主要糧食生產國，成為了世界糧倉，而其餘的國家或是透過輸出礦產（如澳洲）、燃料（如中東的產油國），或是透過製造業（如有「世界工廠」之稱的中國）、服務業（如有「世界辦公室」之稱的印度）或旅遊業（如有「世界公園」之稱的瑞士）等，都在努力賺取外匯，然後在國際市場上購買糧食供國民所用。在愈來愈多的國家，「糧食自足」已經成為了一個被拋棄的政策目標。

這種變化自有其強有力的經濟學依據，那便是關於貿易的「比較優勢原理」(Principle of Comparative Advantage)。簡單而言，只要每個國家都專注於它最擅長（而相關的天然資源也最豐富）的事物，然後將各自的產品交換來享用，那麼每個國家所獲得的效益將可達於最大，最後是人人受惠。

然而，這個學理上的分析沒有考慮眾多的歷史、文化、地緣政治、糧食安全等因素，更沒有考慮這種分工和貿易對環境造成的破壞，包括糧食生產國從事「單一種植」帶來的弊端，以及龐大全球運輸量所帶來的巨額碳排放等。

英國的一項研究顯示，直至上世紀50、60年代，英國人所吃的蔬菜和水果基本上都是本土出產的。但到了21世紀初，其中近80%已是進口的了。這是否一種「文明的進步」，實在見人見智。

糧食「戰爭」

糧食進口增長最為驚人的一個國家是中國。長久以來，糧食自足都是中國的基本國策。但隨著人口上升和經濟發展，特別是中產階級對優質食品追求的殷切，中國近10多年的糧食進口量不斷上升，至今已成為糧食進口大國。以大豆為例，她現在是全

球第一大的進口國，但主要不是用來直接食用，而是作為牲口的飼料以滿足市場對肉類的需求。原本最大的來源國是美國。但美國於2018至2019年發起貿易戰，中國於是轉而向巴西購買，這也正是巴西不斷將亞馬遜森林砍伐而開闢為大豆種植場的主因。

2007至2008年的全球糧食價格飆升浪潮，曾在第三世界國家引起騷亂。情況至今是否有所改善呢？答案是令人沮喪的。2022年5月，聯合國糧食及農業組織（簡稱FAO）發表報告，指出因為政治動盪、氣候變遷、經濟危機等原因，全球受饑餓折磨的人達到1億9,430萬。單就2021年，處於糧食嚴重不足的人口便增加了4千萬之多。

在這樣的背景下，一個令人不安的發展，是一些經濟較發達的國家為了保障國民的糧食供應，已開始在世界各地（主要為第三世界國家，也包括澳洲）購買土地以種糧和飼養牲畜，也有不少種植經濟作物如棕櫚樹。當中主要的購買國家是美國、英國、阿聯酋、沙地阿拉伯、中國、印度、新加坡、馬來西亞等，而出售土地的國家則集中於非洲和拉丁美洲。

這個被稱為「全球盲搶地」（global land grab）的現象已引起不少學者的關注，亦惹來了土地出售國的人民不滿。我們可以設

想，假如那些國家因種種原因出現糧食供應短缺，而政府則告訴人民：那些出售（或以99年期「租借」）的土地上種出來的莊稼和飼養的牲畜，皆只能出口而不能給國民果腹，人民的怨憤將會有多激烈！

可以這麼說，如果地球今天已經統一並且由一個「世界政府」所統治，則在分工合作的原則下，一些地區集中於種植糧食、一些地區集中於工業生產、一些則集中於藝術創作或金融服務等，是完全合情合理的。但現實卻是，世界今天仍然劃分為超過200個擁有自己的法律和軍隊的主權國。在彼此仍然在巧取豪奪、互爭雄長和互相猜疑的情況下，放棄「糧食自足」而必須依賴「國際貿易」是否一種明智者做法呢？

過去廿多年來，「反全球化」或鼓吹「另類全球化」的公民運動此起彼落。無論在經濟上還是文化上，「本土運動」都日益受到年輕一輩的支持。不少人提出要重振「本土經濟」乃至追求「本土自足」(local self-sufficiency)。在筆者看來，在全球生態環境迅速崩壞，以及由此可能帶來的國際秩序不穩的大前提下，每個國家甚至地區爭取糧食和能源上的自足已經成為了當務之急。除了防災和抗災外，這也是追求全球公義、社會公義、社群價值、環境保育，甚至世界和平的正確方向。

對於任何一個主流經濟學家，上述的倡議無異於癡人說夢。但真的嗎？我想請大家看看以下這段筆者透過時光機（一笑）截取的「未來新聞」：「按照《太陽系晨鋒報》的消息，地球和火星的最新貿易談判已經瀕臨破裂。從水星、金星、小行星帶到木衛三、土衛六及冥王星，太陽系各國都十分憂慮，『地、火貿易戰』會對整個太陽系的經濟帶來嚴重的負面衝擊。有人提出，地球必須儘快擺脫對火星的依賴而重建自足經濟。對於這種呼籲，地球議會首席經濟學家佛利克說：『這是完全昧於經濟學的癡人說夢！』」

另一則來自《地球日報》的報導則說：「自年初至今，金星的政治局勢非常動蕩。分析家認為，現政府倒台的話，可能出現曠日持久的軍閥混戰。由於太陽系的糧食供應有超過七成來自金星，一旦出現戰事，以地球為首的太陽系諸國可能出現嚴重的糧食危機……」

筆者故意杜撰這兩則新聞，是想大家認真思考一個問題：究竟是「糧食安全」重要？還是經濟效益最大化重要？

在「食在當地」（eat local）的號召下，近年香港有人發起「本土農業復耕」運動。有人批評這是不切實際的浪漫主義行為，因

為香港地少人多，怎樣「復耕」也改變不了香港糧食必須依賴進口的事實。現在筆者邀請大家齊來探究，以現今最先進的農耕技術，究竟要多少土地面積，才可養活香港的七百多八百萬人呢？

結語：
你想做太空農夫嗎？

　　筆者唸中學一年級時，在大會堂的兒童圖書館借閱了科幻大師海萊因 (Robert A. Heinlein) 於 1950 年寫的少年科幻小說《天空中的農夫》(Farmer in the Sky)。這本精彩的作品令我愛不釋手，閱讀時的興奮和喜悅之情至今未能忘懷。不要以為這是「陳年」之作，我保證即使到了今天，你若是能夠找到它來一讀，肯定仍會折服於作者的大膽想像和高度細緻的描寫。

　　除了可讀性和娛樂性極高外，這本書也為我帶來了思想上的衝擊。這是因為當時已經十分熱衷於天文和太空探險的我，以為人類已經由農業時代進步至工業時代，再由工業時代進入太空時代，那麼在展望未來的科幻小說裡，農耕這麼原始的「低層次」活動，又怎會成為故事的題材呢？但看畢這本小說後，我才領略到即使人類已經能夠遍布其他星球，糧食生產仍然有賴大自然的賜予和人本身的努力。也就是說，「太空農夫」仍然是必需的。

　　近半個世紀後，筆者在戲院觀看《火星任務》(The Martian，2015 年) 時，看著男主角千辛萬苦在火星上種植馬鈴薯，再一次

領略到這個道理。

另一方面，曾經有人說過，人類能否征服宇宙的關鍵，端視乎太空船上廚師的手藝。這看似戲謔之言，想深一層也著實有道理。離開了太陽系之後的「星際航行」（interstellar travel）不消說，即使在太陽系之內的「行星際旅程」（interplanetary travel），所花的時間也要經年累月。如果太空人一日三餐都只能吃從「牙膏筒」擠出來的「太空食物」，我相信不用多久船員都會發瘋甚至叛變。能夠令船員保持心情開朗的一個最佳辦法，便是美味可口而又變化多端的太空食譜。

要有新鮮的食材，在船上進行種植應是無可避免的了。那麼，大家有興趣做未來的「太空農夫」和「太空廚師」嗎？

延伸探究

網上影片

1. Food Waste, Global Hunger and You

2. What Causes Hunger?

3. Why Do We Need to Change our Food System?

4. Future of Food — BTN Science Week Special

5. What Is the Future of Food?

6. A Food System to Heal the Planet

7. How Can We Change our Food Systems? Integrated Food Policy

8. Future of Food: Farming in the Age of Climate Change

9. How Will Climate Change Impact Agriculture?

10. Climate, Agriculture and the Challenges Ahead

紀錄片／電影

1. *Food, Inc.* (2009)

2. *Super Size Me* (2004)

3. *Super Size Me 2* (2017)

4. *Fast Food Nation* (2006)

5. *Forks Over Knives* (2011)

6. *Fed Up* (2014)

7. *Wasted! The Story of Food Waste.* (2017)

8. *Before the Plate* (2018)

9. *Cowspiracy* (2014)

10. *Seaspiracy* (2021)

《維基百科》條目

1. Food Chain / 食物鏈

2. Neolithic Revolution (Agricultural Revolution) / 新石器革命 (農業革命)

3. Food Safety / 食品安全

4. Food Security / 糧食安全

5. (UN) Food and Agricultural Organization / 聯合國糧食及農業組織

6. Food Politics / 糧食政治

7. Genetically Modified Organisms (GMO) / 轉基因作物

8. Cultured Meat / 培植肉

9. Sustainable Agriculture / 永續農業

10. Urban Agriculture / 都市農業

書籍

1. *Food in World History* (2017)

   作者：Jeffrey M. Pilcher

2. *Chew On This — Everything You Don't Want to Know About Fast Food* (2007)

   作者：Charles Wilson & Eric Schlosser

3. *The Omnivore's Dilemma — Young Reader's Edition* (2015)

   作者：Michael Pollan

4. *How the Other Half Dies: the Real Reason for World Hunger* (1976)

   作者：Susan George

5. *Stuffed and Starved: The Hidden Battle for the World Food System* (2012新版)

   作者：Raj Patel

6. *The Food Wars* (2009)

   作者：Walden Bello

7. *The Coming Famine — and What We Can Do to Avoid It* (2010)

   作者：Julian Cribb

8. *Full Planet, Empty Plates* (2012)

   作者：Lester R. Brown

9. *Food Politics — How the Food Industry Influences Nutrition and Health* (2013)

   作者：Marion Nestle

10. *Feeding Frenzy — Land Grabs, Price Spikes and the World Food Crisis* (2014)

    作者：Paul McMahon

11. *How to Feed the World* (2018)

    編著：Jessica Eise & Ken Foster

STEM 視野 02

未來食物危機

作者	李偉才
內容總監	曾玉英
責任編輯	林沛暘
書籍設計	Elaine Chan
圖片提供	Getty Images；Dominik Göldner Idner, BGAEU, Berlin；Geof Sheppard；U.S. Army；Khimich Alex；Alex Jordan

出版	閱亮點有限公司 Enrich Spot Limited 九龍觀塘鴻圖道 78 號 17 樓 A 室
發行	天窗出版社有限公司 Enrich Publishing Ltd. 九龍觀塘鴻圖道 78 號 17 樓 A 室
電話	(852) 2793 5678
傳真	(852) 2793 5030
網址	www.enrichculture.com
電郵	info@enrichculture.com
出版日期	2022 年 7 月初版

承印	九龍新蒲崗大有街 26-28 號天虹大廈 7 字樓
紙品供應	興泰行洋紙有限公司
定價	港幣 $128　　　　新台幣 $640
國際書號	978-988-75705-0-9
圖書分類	（1）兒童圖書　（2）科普讀物